RECHERCHES

SUR

L'ORGANISATION

VERTÉBRALE

DES

CRUSTACÉS, DES ARACHNIDES

ET DES INSECTES.

✻

IMPRIMERIE DE J. TASTU,
RUE DE VAUGIRARD, N. 36.

✻

RECHERCHES

SUR

L'ORGANISATION

VERTÉBRALE

DES

CRUSTACÉS, DES ARACHNIDES

ET DES INSECTES.

PAR

J. B. ROBINEAU-DESVOIDY,

DOCTEUR EN MÉDECINE.

ORNÉ D'UNE PLANCHE REPRÉSENTANT PLUSIEURS FIGURES
POUR SERVIR A L'INTELLIGENCE DU TEXTE.

✻

*Animal, naturá semper consimili, organis semper diversis,
in semet ipso solo totum continetur.*

✻

PARIS

COMPÈRE JEUNE, LIBRAIRE-ÉDITEUR.

RUE DE L'ÉCOLE DE MÉDECINE. N. 8

1828

INTRODUCTION.

𝔄 mon ami Raspail.

Saint-Sauveur (Yonne), 25 décembre 1827.

Mon ami,

Je me rends au conseil de plusieurs personnes * qui daignent me montrer de l'intérêt ; je retire mon *Manuscrit* de la Commission nommée par l'Académie des Sciences, et je le fais imprimer avec la plus grande célérité. Je me berce tou-

---

* Divers motifs pourraient m'empêcher de publier cette lettre en totalité : je ne doute même point que plusieurs personnes n'en fassent une arme contre son auteur. Voici ma seule réponse : Comme citoyen, je dois défendre mes droits ; comme citoyen lésé, je dois signaler l'arbitraire et l'intrigue, lors même que je ne songe point à m'en venger ; comme naturaliste, je dois exposer franchement le résultat de mes recher-

a

jours de la douce illusion que Messieurs les Commissaires, après avoir vérifié les plus petits détails de cet ouvrage, l'eussent honoré d'un rapport favorable. Mais je quitte le séjour de Paris, et le temps, ainsi que plusieurs autres motifs puissans, me pressent. La seule lecture de ces *nouvelles études* a heurté et froissé plus d'une opinion ombrageuse : peut-être même a-t-on craint que j'aie observé la vérité. Dans notre siècle, et dans nos conditions personnelles, il ne faut point se dissimuler le péril que l'on court à ex-

ches et de mes études. Il est *triste* pour moi d'avoir à confondre les petitesses de l'autorité et les cabales de la nullité avec les considérations supérieures qui font l'objet de cet ouvrage. Le même chapitre dévoilera des injustices que je voudrais éterniser, et des travaux intellectuels qui vivront dans la science, si je ne me suis pas trompé. Puisse l'exemple de notre génération servir de leçon à la jeunesse présente et future, lui apprendre que *le seul règne des lois* est favorable au développement de nos facultés, et la persuader que l'observation des choses de la nature est le gage le plus assuré du bonheur, de la vérité et de la dignité individuelle !

poser librement sa manière de penser, *je ne dis point sur la nature de certaines choses qui passent pour religieuses et philosophiques*, mais sur la simple organisation de l'antenne d'une Ecrevisse ou d'une Mouche. Il existe des oreilles si singulièrement prédisposées, que les seuls mots de l'Anatomie les affectent de vibrations convulsives; tant elle est redoutée, cette science qui a le positif pour objet. Dites sérieusement que le corps du vieillard contient plus de molécules calcaires que celui de l'homme adulte : mille personnes charitables vont de suite crier *au matérialisme!* en attendant que d'autres individus, enflammés d'un zèle encore plus ardent, lancent le mot d'*athéisme* *. Autrefois on eût

---

* Le *matérialisme* est une doctrine de fait, une loi générale de la nature dans ses opérations. L'*athéisme* ne repose jamais que sur une opinion individuelle. Il n'existe donc aucun rapport entre eux. La charlatanerie, l'ignorance et le fanatisme possèdent seuls le privilége de faire concorder ces deux mots.

débuté par ce dernier refrain; mais les temps, pour n'être pas entièrement changés, ont, par bonheur, subi d'assez fortes modifications. Tous deux nous en sommes des exemples vivans; tous deux nous avons déjà payé le droit de nous énoncer avec franchise.

Je ne mettrai point nos deux positions sur les plateaux de la même balance. J'ai à me plaindre; *vous êtes victime*. Si quelques hommes dans leur propre intérêt vous conseillent un pardon généreux, vous disent qu'il faut jeter un voile épais sur le passé, rappelez-leur ces jours de funeste mémoire où, contraint de fuir le beau ciel de votre patrie, vous quittâtes votre famille, vos amis, et vous vîntes sur les bords de la Seine apprendre que vous étiez dépouillé de votre honorable profession. Alors on s'inquiétait peu que le désespoir devînt une ressource pour vous.

Plus tard, et également sous le ciel du Midi, j'éprouvai à mon tour qu'on peut être coupable pour la manifestation des idées les plus simples et les plus triviales. L'École de médecine de Paris venait d'être cassée : en vertu de l'ordonnance royale et d'une licence de l'Université, j'étais allé soutenir mes examens et ma thèse à la Faculté de Montpellier. Cette thèse, composée à la hâte, et copiée dans les différens chapitres de Thénard et de Thompson, énumérait les élémens chimiques du corps humain. Le professeur Anglada eut le loisir et le plaisir de la censurer et de la disséquer à son aise. Sa signature le rendit caution de la pureté de mes principes. Le doyen Lordat, si chatouilleux en ces matières, *si prompt même à soupçonner au-delà de l'intention*, y apposa l'autorité de son nom; il l'envoya lui-même chez l'Imprimeur. Déjà la robe de candidat flottait sur mes épaules, déjà j'avais traversé la salle de réception et je montais les degrés de la tribune; l'Huissier s'approche tout-à-coup, et me dit de passer dans la salle du Conseil où l'on me signifie que cette thèse, *qui légalement n'était plus la mienne*, éveillait enfin les soupçons de la Faculté, et qu'on en appelait à une assemblée générale des Professeurs pour décider sur son sort. *On venait de la trouver attentatoire aux saines doctrines et même à la sûreté politique de l'Ecole.* Je me contentai d'exposer que cette mesure avait lieu de me surprendre, mais qu'elle ne me regardait en rien, puisque la responsabilité retombait sur le Censeur et sur le Doyen. Bientôt l'Imprimeur me fit savoir que le Procureur du roi, anticipant sur la délibération des Professeurs réunis, venait de faire arrêter les exemplaires soumis au tirage. Les Professeurs de la noble Faculté de Montpellier, au lieu de réclamer contre cette injure faite à eux tous dans la personne de leur Doyen et de leur Censeur subdélégué, adoptèrent unanimement les conclusions préliminaires du ministère public... Bref, je soutins une seconde thèse... La Faculté de Montpellier avait fait imprimer et avait jugé convenable d'arrêter la première; elle devait au moins payer les frais d'impression de son inconséquence : la délicatesse lui conseillait ce procédé, si la raison ne lui en faisait pas une obligation. Je payai les dépenses des deux thèses! Dans ces circonstances, l'aspect si douloureux du tombeau de *Narcissa* me criait que j'en étais peut-être quitte à bon marché!

Je rentrai dans les foyers paternels : long-temps j'attendis mon diplôme de Docteur. Vaine attente! une décision du conseil de l'Université m'en privait* : une justice tardive m'a enfin été rendue. Mais moi, indépendant par ma position sociale, par mon caractère, par mon édu-

* Et l'on voudrait me faire garder un criminel silence! Outre que je me réserve le droit des poursuites légales, j'espère porter mes plaintes au sein de l'Assemblée nationale, et demander publiquement l'exécution des lois, au sujet des deux actes arbitraires que je signale.

cation, par mes principes, on m'a vu dans l'antichambre d'un Prêtre attendre le moment de réclamer mes droits!

Mon séjour à la campagne et des études poursuivies pendant plusieurs années m'avaient mis à même de prétendre à quelques succès dans les sciences zoologiques. J'osai me hasarder sur la scène : on applaudit à mes efforts ; on m'aida des plus honorables encouragemens. Peut-être j'aurais dû m'en tenir à la première épreuve ; je me connaissais un cœur exempt de toute ambition, je n'appartenais encore à aucune de ces Écoles qui se disputent la prédominance des facultés intellectuelles, je pouvais tranquillement me borner au cercle en apparence si étroit d'idées et de travaux que je venais de me tracer. Mais nous ignorons de combien de pas un premier pas doit être suivi.

D'ailleurs, pourquoi chercherais-je à m'en imposer? Le murmure si flatteur des encouragemens reçus, l'aiguillon stimulant de la louange, le plaisir d'annoncer des opérations nouvelles de l'esprit, firent battre mon cœur de mouvemens pressés, et me jetèrent tout-à-coup sur un théâtre signalé à la fois par les triomphes les plus sublimes et par les chutes les plus fameuses. Je rédigeai mes *Recherches sur l'organisation vertébrale des Crustacés, des Arachnides et des Insectes.*

J'en lus les principaux résultats devant le premier tribunal du monde savant, l'Académie des Sciences. J'agissais avec une candeur et une sécurité dignes des mobiles qui m'inspiraient. Dans mon ame et conscience je croyais avoir raison. Je ne tardai point à soupçonner que sous des aperçus grossiers d'anatomie, j'avais imprudemment soulevé quelques-unes de ces questions qui nourrissent les préjugés superbes de l'homme, et qui le flattent d'autant plus qu'elles s'enveloppent d'une mystérieuse obscurité. Le mot *moral* et le mot *intellectuel* échappèrent une seule fois de mes lèvres. Aus-

sitôt un Membre de l'Académie (M. Cau-
chy, l'algébriste) réclama la signification
positive de ces termes dans ma bouche.
Il usait de son droit. Me justifier était
très-facile, lorsque le Président répondit
que cette manière de procéder n'était pas
dans les usages de l'Académie : « Quant
» aux assertions énoncées, je ne doute
» pas, ajouta-t-il d'une voix claire et
» élevée, que la Commission n'en fasse
» une prompte justice ! »

Cette boutade d'un Académicien n'ex-
cita d'abord que mon sourire. « Il ne s'a-
» git pas, me disais-je, de proclamer
» qu'on fera prompte justice de mon tra-
» vail ; il s'agit de la faire : c'est le point
» difficile. Je sais tout ce que ce projet
» rencontrera d'obstacles à surmonter et
» tout ce qu'il exige d'études. » Je ne
pouvais donc que sourire de la condamnation prématurée de M. Brongniart.

Bientôt des réflexions plus sérieuses
me ramenèrent à de sinistres pressenti-
mens. Dût-on m'accuser d'*homme vi-*

sionnaire, fantasque ou *mélancolique,* je vais décliner mes divers motifs de frayeur. Jusqu'à ce jour, je ne me figurais point que le Président d'une assemblée pût exercer d'autre pouvoir que celui de maintenir les réglemens établis : je ne lui croyais le droit d'aucune influence directe sur l'opinion des autres Membres. Je me trompais. Dans cette circonstance, le Président de l'Académie ne s'est point contenté d'émettre son opinion personnelle sur un ouvrage déjà soumis à une Commission, il a semblé lui signifier la marche à suivre, peut-être il lui a dicté la nécessité de la proscription. Mon imagination ainsi frappée se créait mille fantômes que les souvenirs du Midi venaient animer d'une vie redoutable, et qui me remplissaient de terreur. Le passé ne me rassurait point contre l'avenir. Parmi mes nouveaux juges siége peut-être un de mes anciens juges de l'affaire de Montpellier!... Ni la haute sagesse de l'Académie, ni le respect dû à ses décisions, ni la bienveillance éprouvée de plusieurs de ses Membres, ne purent me soutenir; j'avais presque regret de mes travaux, et honte d'avoir voulu les faire connaître.

Que j'étais simple de m'entretenir dans ces craintes! Si mes travaux méritaient quelque attention, si j'avais observé quelque chose de nouveau, je n'avais pas un besoin forcé de l'opinion personnelle de quelques Académiciens pour prouver que j'avais raison. Le jugement du public me restait : c'est à lui que j'en appelle aujourd'hui.

D'après ce court exposé, ce même public m'épargnera-t-il les reproches d'imprudence et de maladresse qu'encourt presque toujours l'Écrivain qui a la sotte prétention de se mettre lui-même en jeu? Mais la faute ne doit point retomber sur moi : elle appartient tout entière à ces personnes qui, accablées du fardeau de leur nullité, s'arrogent le droit de l'impertinence et de l'oppression. Tous deux, et beaucoup d'autres avec nous, nous sommes de notre siècle. Nous marcherons, parce qu'aucun obstacle physique ou moral ne peut désormais nous arrêter, si nous sommes dans la bonne voie; le flot qui nous supporte ne saurait reculer. On peut nous entraver quelques jours, quelques mois, mais on ne nous étouffera point. Je dirai à ces honnêtes inquisiteurs : « Si vous étiez absolument » destinés à poursuivre les facultés in» tellectuelles de vos semblables, il vous » fallait naître dans des temps plus pros» pères. Aujourd'hui votre vocation est » manquée. Écrasez quelques douzaines » de ces hommes qui ont l'insolence de » ne pas vous révérer, vous, vos doctri» nes et vos coteries, vous n'aurez rien » fait, tant qu'il vous en restera un seul » à opprimer ; et certes, vous ne vous » glorifierez jamais d'un pareil triomphe. » La génération actuelle fournira sans » cesse des individus que leur position » sociale et que la dignité de leur carac» tère mettront au-dessus de votre fureur.

» Vos coups pourront les atteindre; ils
» ne les blesseront point. Un jour vous
» serez peut-être les premiers à parler de
» générosité : vous n'aurez pas assez de
» voix pour élever les doctrines que vous
» n'avez pu ensevelir, vous n'aurez pas
» assez de flatterie pour capter l'oubli
» bienveillant des hommes nouveaux ; et
» vous ferez tout cela pour ne point voir
» de votre vivant s'écrouler l'échafaudage
» de vos réputations usurpées, ou plutôt
» pour garder vos places! »

Les places, les honneurs sont dans
notre société la plus douce et la plus digne récompense de l'homme éminent par
ses lumières, ainsi que par ses talens.
Leur possession devrait indiquer une supériorité réelle, ou du moins un mérite
incontestable. Moi, dont la liberté d'opinions n'est enchaînée par aucun lien ser-
vile, je pense qu'ils ne sont pas toujours
répartis *au plus méritant*. J'ai la triste
conviction que plus d'un emploi est exer-
cé par des hommes qui n'eussent jamais

osé le disputer de face dans un con-
cours. Qu'en est-il résulté? L'intrigue,
la médiocrité et même la nullité se mettent sur les rangs; elles seules engloutis-
sent et absorbent tout. D'avance elles se
liguent entre elles; d'avance elles se partagent les dépouilles qui ne leur étaient
point destinées. Ce sont d'ignobles Vau-
tours, de lâches Corbeaux qui se repais-
sent de la proie de l'Aigle absent ou bles-
sé; car la jalousie, la médisance, la ca-
lomnie les précèdent et les accompagnent
incessamment, et éloignent les personnes qui ont des droits véritables. Les places et les honneurs, dans la distribution
actuelle des récompenses scientifiques, ne
font donc pas toujours l'homme capable:
trop souvent ils ne dénotent que l'in-
trigant.

Encore si le mal ne dépravait que des
hommes antérieurs à nous, et qu'une
longue expérience de révolutions mît à
même de soumettre la dignité de la science aux caprices ambitieux des diverses

politiques , nous pourrions nous en prendre à l'infortune des temps écoulés ; mais la jeunesse actuelle est infectée. Les poisons signalés circulent plus âcres dans plusieurs des membres qui la composent : semblables à ce virus affreux qui ne ménage le père que pour mieux consumer les enfans, l'intrigue et l'ambition dévorent plusieurs de ces jeunes adeptes avec une ardeur inconnue même par leurs devanciers. Ils sont à peine entrés dans la vie, et déjà ils exigent les priviléges réservés aux seuls cheveux blancs. Places, dignités, honneurs, ils ont faim et soif de tout ; ils se sont tout partagé. Leurs vœux anticipent sur la mort d'un ami, d'un parent pour s'emparer de son emploi. S'ils viennent sur leur chemin à rencontrer un condisciple qui cherche à sortir du néant, ils l'y replongent aussitôt, car ils sifflent, ils piquent et ils enveniment leur piqûre, comme la Vipère. Les blessures les plus cuisantes sont la récompense assurée de ceux qui les ont poussés.

Cette fraction de nos jeunes Contemporains n'aime à prôner qu'elle-même : malheur à la voix qui chercherait à se faire entendre. Pour mon compte personnel, je ne doute pas que ces lignes ne soient traitées de déclamations, ainsi que mes *Recherches anatomiques* ont d'abord été taxées de *rêveries*. Ainsi, *rêveries* pour les travaux de fait; *matérialisme,* pour les résultats qu'on en tire; *déclamations,* pour les pages qui les consignent : voilà leurs armes favorites. Il faut même s'estimer très-heureux lorsqu'ils n'ont pas recours à d'autres moyens ; mais ce n'est pas à vous que j'apprendrai ces sortes de choses.

Veut-on les forcer de s'expliquer franchement sur le compte de leurs rivaux ? Les oblige-t-on de convenir que ces rivaux n'ont pas toujours tort ? Ils en conviennent; « mais, ajoutent-ils d'un ton » perfide, il ne faut pas le dire tout haut, » *car ce sont de mauvaises têtes!* » Mon ami, ils ne voient pas qu'ils font eux-mêmes notre plus bel éloge et leur plus sanglante satire. Un Prêtre aussi me traitait de *mauvaise tête*, lorsqu'il me refusait mon diplôme ; dernièrement on me traitait encore de *mauvaise tête*, pour avoir avancé que l'Écrevisse odore avec son nez ; aujourd'hui j'expose plusieurs faits nouveaux d'anatomie, je suis encore *une mauvaise tête*. J'ose dire qu'on a commis un acte arbitraire envers moi, *je suis une bien plus mauvaise tête encore !* Vous aussi, on vous traita de *mauvaise tête*, chaque fois que vous fîtes une de vos belles découvertes. C'est *une mauvaise tête !* Il y a vingt ans que je m'entends faire ce reproche ; je ne sache point qu'on l'ait jamais adressé à plusieurs de ces personnes qui en sont si libérales envers les autres. Est-ce que par hasard ce reproche serait un éloge ? Pour moi, je suis résolu de le mériter tout le reste de ma vie.

Ils disent encore : « Ce travail peut » renfermer quelque chose de bon ; mais » sa rédaction et sa lecture manquent

» de formes : dès-lors il n'en faut plus » parler. » J'ai été long-temps à comprendre le sens de ces paroles. Un adepte m'en donna une longue explication qu'on peut réduire à ces termes : On ne doit jamais trouver fausse une théorie annoncée par tel savant ; on doit toujours trouver fausse une vérité découverte par tel autre savant. Quand on croit avoir rencontré une vérité, il ne faut jamais se l'approprier , ni la regarder comme son bien ; mais il est essentiel de l'adapter nécessairement à telle ou telle théorie antérieure, afin que le règne du Maître se consolide et se perpétue. Il n'est pas non plus inutile de communiquer son manuscrit à certaines personnes de la coterie, afin qu'elles puissent le saisir dans tous ses rapports , vous prouver que toutes vos assertions sont fausses, dussent-elles vous les démontrer vraies cinq ou six mois plus tard. Alors vous aurez eu le mérite du dévouement. Surtout n'élevez jamais aucune réclamation : ce serait outrager publiquement les habitudes de la coterie.

Il y a également nécessité de proclamer que tout ce que ces individus appellent *leurs découvertes* est leur véritable propriété, et qu'ils n'ont rien volé aux Auteurs allemands ou anglais, quoique le titre des chapitres, l'exposé des sujets et des résultats, quoique tout, jusqu'aux centimètres et millimètres, prouve le plagiat le plus manifeste. Mais si leurs adversaires produisent quelque travail nouveau, important ou non, l'on doit crier de tous ses poumons que ce travail vient d'outre-Rhin, ou qu'il est importé de par-delà la Manche.

De plus, un profond respect pour les moindres paroles échappées à la coterie, des égards sans fin, des paroles miellées, une admiration fortement exprimée, des cajoleries et des flatteries envers les meneurs, sont de la dernière rigueur.

Mon ami, l'ingrate nature ne jugea pas à propos de nous gratifier de ces

admirables qualités. Nous ne parvien-
drons donc pas! Je crains beaucoup ce
malheur pour vous. Il est certain pour moi,
qui ai la bonhomie de retourner dans
les champs qui me virent naître, pour
y couler une vie obscure et tranquille.
Je n'ai fait que passer contre le vestibule
de la science : j'en ai assez vu pour pouvoir écrire ces lignes, qui certainement
ne compromettent pas la vérité. Mais
nous devons sagement prendre notre
parti. Si la Science m'eût semblé plus
noble, moins abreuvée de dégoûts,
j'eusse pu aspirer à une carrière plus
brillante. Je préfère la paix à de viles
tracasseries. Ce n'est point en poursui-
vant des places et des honneurs que je
chercherai à en imposer à mes rivaux :
c'est en continuant et en doublant mes
travaux, c'est en observant cette nature
si riche et si peu connue ; c'est surtout
en essayant de déployer à leurs yeux un
caractère moral qui montre le plus souverain mépris pour ceux qui m'ont fait ou qui

ont voulu me faire du mal, et un dédain ironique envers des triomphateurs que je ne daignerai pas même poursuivre de mes sarcasmes. Ne rendons point le mal pour le mal : payons nos offenseurs d'une vengeance plus digne de nous. Que notre aspect, que notre nom prononcé devant eux, les fasse rougir. Nous, méprisons-les; et surtout disons-leur nous-mêmes que nous les méprisons, afin qu'ils n'en doutent pas.

Ils ont voulu nous opprimer! Peut-être nous pouvons être utiles à notre patrie par nos travaux, par nos lumières, par notre énergie intellectuelle. Travaillons; c'est la manière la plus noble de leur faire sentir l'énormité du crime qu'ils pensèrent commettre en nous choisissant pour victimes. Ah! si la plupart d'entre eux daignaient jeter un arrière-coup d'œil sur leur point de départ, s'ils pesaient bien les diverses chances qui leur donnèrent l'autorité, ils ne s'exposeraient point aux accusations de l'avenir, ils se verraient sur un terrain toujours nouveau et toujours prêt à engloutir ceux qu'il supporte. Par l'enchaînement successif et rapide de circonstances qu'il ne nous est point donné de prévoir, l'Onde Populaire, que pour mon régime habituel je savoure à longs traits, peut aussi me soulever quelque jour pour réclamer les droits du faible et de l'opprimé!.... Pourquoi ces clameurs remplies d'amertume? Jeune homme à l'ame de feu et à la tête récalcitrante, n'oublie point ces mots : « La force eut raison de t'in- » quiéter; la plainte est nécessairement » coupable. Ainsi tais-toi. »

Taisons-nous donc devant ces hautes considérations. Concentrons notre bile dans nos entrailles. Mais, ô mon ami, qui saurait nous défendre le rire et la moquerie sur certains petits objets qui nous environnent? Puisque les choses sérieuses nous sont interdites, examinons si notre ironie ne trouvera point sujet à la moindre expansion. La carrière est encore belle à fournir : il nous reste un large terrain devant les yeux. Pourtant entre les mille ridicules du jour, je n'en saisirai qu'un seul en rapport direct avec nos sciences et nos études. Je parle *de cette petite coalition* (que le vulgaire nomme *coterie*), unie par les liens du sang, par les mêmes prétentions, et formée par le nombre trois : *Numero Deus impare gaudet.*

Les Triumvirs de Rome se partageaient l'empire du monde, les *Triadelphes* de Paris sont plus modestes dans leurs désirs. Ils ne veulent que des places, que des honneurs, que des lauriers : certes, une pareille ambition est très-louable. Mais ces places, ces honneurs, ces lauriers, ils les veulent pour eux seuls : défense au prochain d'y prétendre. On insinue qu'ils ont passé bail avec la Renommée pour qu'elle n'eût à proclamer que le sublime de leurs travaux. L'exploitation spéciale des sciences naturelles fut, dit-on, pour eux l'objet d'un contrat dùment rédigé et enregistré parmi les curieuses clauses de leur acte d'association. L'un d'eux régna sur la Chimie; l'autre s'appropria la Botanique, pendant que le troisième se réserva l'autorité dans la Zoologie. Tous trois devaient se servir de cautions réciproques.

Le Chimiste prouvait les découvertes du Botaniste qui à son tour exaltait et le Chimiste et le Zoologiste. C'était un concert d'éloges à fatiguer les oreilles les plus fortement constituées. On daigna par la suite, et pour bonnes raisons, s'adjoindre, à titre d'instrumens, quelques jeunes gens capables de travailler en conscience.

Le domaine de la science ainsi partagé en trois lots, ne tarda point à porter les nouvelles productions dont on avait résolu de l'enrichir. Le point culminant du travail de ces trois Puissances intellectuelles fut de rapporter toutes les opérations de la nature à l'unité moléculaire. Alors on consulta le microscope. En peu d'années, combien il dévoila de choses merveilleuses, et dont nous autres ignorans ne nous serions jamais doutés! Il donna la mesure exacte et incontestable de la molécule chimique; par malheur, je me suis laissé dire que cette même molécule mesurée de nouveau à Berlin, venait de donner des résultats différens des résultats obtenus à Paris. D'autres incrédules, qui s'occupent sérieusement du sujet, ont encore essayé de me faire naître des doutes sur la forme et la mesure rigoureuse de ces fameux globules du sang, qui ont fait tant de bruit, et qui ont valu à l'un de leurs historiographes l'honneur d'éclairer les consciences d'une Cour d'assises.

Bientôt l'ombre de Leuwenoëck est évoquée. On réveille chrétiennement ses Animalcules spermatiques *sans blesser en rien les lois de la pudeur et de la religion.* Leuwenoëck pensait que ces Animalcules peuvent être les Animaux supérieurs eux-mêmes en relief. Erreur de la part du

Hollandais! Ces Animalcules constituent des êtres bien autrement merveilleux. L'Homme n'est point digne de se suffire à lui-même dans le grand acte de la reproduction : il a besoin d'un agent intermédiaire, qui soit d'une essence plus pure, c'est-à-dire, moins matérielle. La science de Linné et de Tournefort nous apprend que l'Abeille se charge quelquefois de porter le pollen des fleurs mâles sur les stigmates de la femelle. De même, les destinées de la race humaine reposent sur la Monade spermatique, Animal d'autant plus digne de notre admiration, qu'il ne voit jamais la lumière, qu'il est infiniment petit, et de la texture la plus délicate. Dans les secrets réservoirs où la nature prétendit le dérober à nos regards, il ne se doute point que l'Homme l'a audacieusement choisi pour la continuelle survivance de son espèce *. Ils sont donc

* Cet animalcule serait le rudiment du système nerveux : ainsi l'animal commencerait par un nerf, qui ne serait lui-même qu'un autre animal ; ainsi les nerfs

bien coupables les malheureux qui contractent des maladies susceptibles de le faire disparaitre ! Car, écoutez bien, races présentes et futures, en tuant cette Monade, vous assassinez votre postérité.

Le Triadelphe Chimiste, qui venait de se permettre cette légère excursion zoologique, avait forcé son collègue de la Zoologie à renoncer aux visions du microscope. A peine ce dernier, *d'ailleurs assez versé dans la science du parasitisme*, daigna-t-il s'en servir pour faire connaitre les merveilles dissimulées dans l'organisation de l'Achlysie et de la Nicothoë. Mais la *loupe* lui prêta le miroir diaphane de sa lentille

engendreraient bientôt le tissu cellulaire, que jusqu'ici on croyait primitif ; puis ils engendreraient les muscles, les vaisseaux et la presque totalité des tissus. O vous, bienheureux Lordat, dont la plume gasconne nous prouva si dévotement qu'une trinité de puissances occultes et égales entre elles préside au fameux *principe vital* de Barthez, et vous aussi, monsieur Turpin, père dénaturé du Micropyle, père de la défunte Globuline, père de la Tigelline, enfant mort-né, reconnaissez vos maîtres, et taisez-vous devant notre génération. Aux Triadelphes la palme de la jonglerie !

qui, aidée des ressources de l'imagination, nous apprit une foule de choses très-curieuses par elles-mêmes et par leurs résultats inévitables.

L'Entomologie sut enfin que le corselet d'un Insecte (non compris les ailes) offre trois segmens, composés de plus de quarante pièces distinctes, que des noms grecs vinrent à jamais mettre hors de doute. L'idiôme grec nomma encore les pièces diverses des ailes.

On acquit la conviction que les Crustacés et les Arachnides ont un corselet.

Mais ce qui, à cette époque, enleva l'admiration, fut l'étonnante découverte que ces divers *Animaux* n'ont pour les pièces solides aucun rapport avec les *Animaux supérieurs*. Chacun de leurs segmens peut à son gré développer des appendices qui en bas constituent les pates, en devant les antennes, les mâchoires, et en haut les ailes.

Les Crustacés eux-mêmes ne possèdent plus les organes des sens. Leurs longues antennes ne représentent que les moustaches du Rat ou de la Fouine *.

Je m'arrête devant l'énumération de tant de titres qui assurent la solide gloire de notre siècle. Mon ami, il ne faut pas épuiser à la fois tous les degrés de notre admiration. La Botanique réclame également notre surprise et nos extases.

Je me suis quelquefois endormi sous l'empire des illusions les plus fantastiques ; des rêves plus fantastiques encore venaient agréablement bercer mes esprits : mon sommeil était le bonheur ; et lorsque mes yeux essayaient enfin à s'ouvrir, je refusais de me prêter à la vue de la lumière, je voulais rentrer dans mon assoupissement, et prolonger ces

---

* Je passe sous silence et *le pénis du Hanneton mâle coupé dans le vagin de la femelle, et l'entrecroisement des cordons nerveux de la cantharide au niveau du mésothorax*, et plusieurs autres tours de gobelet que ce maigre successeur de Comus se permet de temps en temps devant l'Académie et devant le bon public.

rêves délicieux. Chaque fois que je pense à l'auteur du Mémoire sur la *fécondation des végétaux*, je le mets ainsi à ma place. Il croit avoir observé ce qu'il a rêvé, il prolonge son rêve; et il a raison sous tous les rapports. Combien je l'estime heureux de pouvoir rêver aussi long-temps! Une triste réflexion vient seule empoisonner la continuité des jouissances que je lui suppose. Ce Naturaliste n'avait-il pas les yeux éveillés, lorsqu'il entreprit d'écrire un rêve qui ne réfléchissait que des observations zoologiques antérieures? Les granules polléniques touchaient de trop près aux animalcules spermatiques pour qu'il ne vînt pas à bout de les *animer*. Un microscope plus raffiné nous valut ce dernier perfectionnement. Si l'art de l'Optique fait encore quelques pas, je suis certain que ce jeune homme assistera, lui présent et voyant, au spectacle de la formation de la molécule élémentaire. Mais contentons-nous des miracles du moment : ils peuvent suffire aux plus rudes exigences de la curiosité.

Avant ce Botaniste, et malgré ses dé-négations, vous nous aviez déjà appris par quelles lois le pollen se forme dans l'anthère. A lui seul était réservée la gloire immense de suivre les granules à leur sortie, de les voir s'appliquer amoureusement sur le stigmate, dont au besoin ils perforent la membrane ou l'enveloppe extérieure. Dans l'ardeur de leurs caresses, ils se déploient en longs pénis, ils absorbent les granules femelles, impatiens des délices du voyage : ils partent. Une colonne solide, compacte, qui n'est perforée d'aucune route, s'oppose à nos pélerins. Vains obstacles ! il la traversent d'une extrémité à l'autre avec autant d'aisance que les antiques Fées de nos villages traversaient les murailles des appartemens les mieux fermés. Pour eux, il ne s'agit point de savoir si le passage est possible ou non : il s'agit d'arriver au Micropyle, à cette mystérieuse galerie, reniée et abjurée par son Inventeur, et qui doit les conduire à la molécule qu'ils vivifieront. Mais ce voyage éprouvera quelques longueurs, et nos amoureux feront plusieurs haltes.

Mon ami, j'ai également besoin de reprendre haleine ; je m'arrête aussi : autrement je craindrais que l'exposé de tant de merveilles ne me fît passer pour un homme encore plongé dans le sommeil.

Je ne m'étonne point si l'Académie des Sciences décerna la couronne à ce jeune Botaniste. Cette même couronne à la main, il ne lui manque plus que de solliciter *un brevet d'invention* auprès du ministre de l'intérieur ; il l'a doublement mérité : *In triumpho suo ridendum et subsannandum.*

Sans doute nous devons un grand respect à la chose jugée : mais il n'est peut-être point défendu d'examiner un jugement porté par l'Académie des sciences, qui n'est pas toujours infaillible. Sans entrer dans aucun détail fastidieux, je me contenterai des deux observations sui-vantes. Si l'Académie a récompensé l'auteur qui a vu passer les globules polléniques à travers les styles et le micropyle, elle a couronné un roman. Mais si elle a voulu couronner celui qui eut l'honneur de découvrir la formation du pollen et d'en dévoiler la théorie, la couronne, vous le savez, ò Raspail, n'est point parvenue à sa véritable adresse.

Les Triadelphes ont pu émettre leurs théories sans rire. Ils en ont même imposé à une partie de ces demi-savans, ou plutòt d'amateurs qui sont toujours remplis de foi pour tout ce qui est nouveau, et qui n'ont d'oreilles que pour écouter les annonces extraordinaires. Mais tout le monde n'est pas nécessairement armé de la même bonne volonté. Moi, entre autres, je me déclare inaccessible à la croyance de ces sublimes vérités. Non-seulement je doute : j'ai encore l'audace de nier : bien plus, je suis aussi effronté dans mes démentis que les Triadelphes le furent dans leurs œuvres.

J'ai tort sans doute de ne pas croire. L'avenir me prouvera que je suis décidément un *obstiné*, un *entêté*, voire même un *malveillant*. Je végéterai obscur dans mon village : eux ne tarderont point de siéger sur les banquettes veloutées de l'Académie. A leur tour, ils prononceront en dernière instance sur les travaux des hérétiques et des relaps. Ce brillant avenir leur est réservé. Mais moi, par l'effet de mon mauvais caractère, j'obéirai encore à ma destinée, et j'écrirai en grosses lettres sur l'acte de leur réception :

Le roman est un art qui fait des *immortels*.

Oui, mon ami, je continuerai d'obéir à ma destinée. Elle m'ordonne le mépris pour les méchans : elle me dicte l'ironie contre les hypocrites et les cafards : elle me pousse aux éclats du gros rire contre l'intrigue, la cabale, la petitesse, l'ignorance, l'envie, et contre les ligues de la médiocrité qui à toute force veut s'élever. Cette même destinée me força de me livrer à l'étude de la nature, et d'y trouver mon bonheur. Mais elle me signifia en même temps que la science n'était point pour moi une carrière métallique à exploiter. Pour prix de longs et d'ennuyeux travaux, elle ne fit reluire à mes yeux que quelques-unes des vapeurs si vaines, si fugitives et si mensongères de cette fumée que le langage des hommes désigne sous le nom de *gloire*. La gloire ne rend pas riche : mais elle nous révèle par-delà le tombeau : elle survit à toutes les autres vanités humaines : elle brave l'océan des âges. Qu'elle paraît douce et enivrante lorsqu'elle est due à des intelligences qui étendirent le domaine des idées et le cercle des lumières ! Mon ami, je n'envisageai jamais tout ce que la gloire peut offrir de beau et de majestueux ; mes faibles paupières ne sauraient en supporter l'éclat. Concentré dans une très-petite sphère, je ne songeai qu'à faire glisser les lettres de

mon nom sur un de ses rayons. Voilà
mon unique ambition. Hélas! comme tant
d'autres, j'ai peut-être pris l'ombre pour
la réalité? L'imprudence m'a peut-être
lancé sur un éblouissant cristal qui va
d'abord se rompre sous mes pas? Qu'importe : l'ardeur de la jeunesse m'entraîne :
plus tard je serais capable de reculer.
L'intime persuasion, que je crois avoir
bien vu ce que j'annonce, me soutient et
m'encourage. Autrement, il serait indi-
gne de moi de me préparer des consola-
tions par ce misérable subterfuge, *que si
je me suis trompé, ma fortune sera
égale à la fortune de beaucoup d'autres.*

C'est donc le sentiment (erroné peut-
être) de ma conviction personnelle qui
me porte aujourd'hui à publier les *Recherches anatomiques*, lues devant l'A-
cadémie des sciences. Ce travail a de suite
produit l'impression que j'avais publiquement annoncée, et dont j'étais certain. La hardiesse des résultats, les aspects
si inattendus des différens organes, les

nouvelles définitions zoologiques, la bizarrerie apparente des similitudes de plusieurs organes, trouvèrent autant d'incrédules que d'auditeurs. Ceux-là même rirent à gorge déployée, qui ignoraient complètement la nature du travail. J'avais annoncé que non-seulement il fallait une grande science pour me juger, mais encore qu'on serait obligé de se livrer à de nouvelles études. On a voulu procéder d'une manière plus expéditive. Sans avoir vu une seule des mille pièces du procès, sans même chercher à comprendre mes idées, on a dit : « Cela n'est point ! »

Et moi aussi j'ai ri en entendant cette condamnation !

Vous aurez de la peine à croire qu'un des Membres de l'Académie me dit que je n'aurais pas de rapport, parce que mon point de départ étant erroné, il devait en être ainsi pour tous les autres résultats ! Et ce Membre m'avoua qu'il n'avait pas même lu mon manuscrit ! Et il me citait des objections dont la solution était présentée fort au long dans l'ouvrage!

Que répondre à un juge qui me demandait ce que j'entends par une vertèbre, à moi qui déclare être parti de la *Philosophie anatomique?* Ou ce juge admet l'opinion de M. Geoffroy, ou il la récuse. Dans l'un et l'autre cas sa question était inconvenante. Le Rapport devait m'apprendre que j'avais tort ou raison. Mais des motifs de natures trop diverses s'opposaient à cette déclaration formelle : il était plus prudent de m'étouffer que de me condamner.

On devait publiquement proscrire cette *vertèbre,* si on ne l'admettait pas : on devait déverser à pleines mains le ridicule sur la plupart des conséquences hardies que je ne crains pas d'exposer, si l'on en prouvait la fausseté. Aucune plainte ne serait sortie de ma bouche. Mais, *au nom sacré de la justice,* il fallait également reconnaître la validité de plusieurs découvertes anatomiques. Le premier je décrivais l'estomac buccal des

Crustacés ; le premier je rappelais ou je démontrais qu'ils ont des organes d'audition et d'olfaction ; le premier je prononçais que leur carapace est formée de trois vertèbres ou de trois appareils vertébraux ; le premier je donnais la véritable théorie des ailes des Insectes ; le premier je classais tous ces divers Animaux d'après la présence ou l'absence d'organes toujours faciles à constater. Chacune de ces nouveautés méritait l'examen le plus sérieux et le jugement le plus impartial, parce qu'une grande louange est attachée à la vérité de chacune d'elles. J'ose davantage.

Supposons que je n'aie avancé que des erreurs, plus une vérité. Je soutiens que le Rapport, en condamnant mes erreurs, devait constater publiquement cette seule vérité dans mon intérêt et dans celui de la science ; car *le vrai n'est pas trouvé par tout le monde.*

Que voulait-on donc faire des découvertes que je prétends avoir trouvées? On voulait les mettre sous le boisseau, à la veille même de mon départ. Qui sait si dans un de mes prochains retours à Paris, je n'aurais point en personne assisté à leur résurrection sous d'autres noms et sous d'autres formes. Je ne fais ici qu'une supposition : mais, je dois le déclarer, des exemples antérieurs l'autorisent.

On a été jusqu'à me dire : « Un de vos » principes admis, on est contraint d'ad- » mettre tous les autres. »

Je ne m'appesantirai point sur la perfidie et l'irréflexion de ce sarcasme. Si j'ai raison, il faut me croire; si j'ai tort, il s'agit au moins de me le prouver. En tout cas, je demande un juge, et non un *raisonneur*. Moi, je n'ai point *raisonné*, lorsque je composai mon ouvrage : je n'ai fait que disposer symétriquement des matériaux préparés de longue main, qui d'abord semblaient n'avoir aucun rapport entre eux, et qui tout-à-coup ont formé un ensemble inattendu. On craint que l'admission d'un de mes principes ne contraigne à admettre tous les autres. J'avoue que je n'ai jamais poussé l'exigence jusqu'à cette extrémité. J'ai toujours cru et répété que je pouvais me tromper sur l'ensemble et dans les détails de mes recherches. Oui : j'ai pu me tromper sur plusieurs points, et en même temps avoir raison sur plusieurs autres. J'ai même pu me tromper sur le principe général. Démontrez-le moi, et aussitôt je proclamerai mon tort.

Mais je le déclare hautement, je n'ai encore reçu aucune objection valable.

Ces juges ont redouté certaines questions qui se présentent d'elles-mêmes à l'esprit : je me hâte de prévenir leurs incertitudes. Je vais aborder franchement ce sujet si scabreux, et qui demande une plume libre.

Le travail présenté à l'Académie est essentiellement anatomique : on ne peut se refuser à cette évidence. Mais il se trouve en contradiction manifeste avec plusieurs points de l'Anatomie actuellement admise, et ces points recèlent précisément des questions de la plus haute importance. *Mes recherches tendent à jeter quelque lumière sur des objets qu'on affecte de couvrir et d'environner des plus épaisses ténèbres.* La Médecine avait été assez audacieuse pour soupçonner que les divers sujets de l'intelligence, semblables aux autres fonctions du corps, siégent plus spécialement dans l'encéphale. La *Philosophie anatomique* porta bientôt un coup mortel à *certaines rêveries*, en démontrant que tous *les Animaux supérieurs ne diffèrent entre eux que par les modifications des organes appelés à des usages différens.* Alors les os du crâne humain se retrouvèrent dans les opercules des Poissons, et notre vertèbre vocale porta des branchies. Gloire aux auteurs de ces admirables découvertes! Ils ont changé la face de la Zoologie, et amené *nos esprits sur la voie des recherches véritablement philosophiques.*

La science fut ainsi rappelée à toute

sa dignité. L'homme siégeait encore au faîte de la création, mais il y siégeait par la prédominance de son organe encéphalique.

Cette doctrine, rigoureusement démontrée sur les Animaux supérieurs, sembla tout-à-coup inadmissible lorsqu'on voulut l'adapter aux Animaux inférieurs. Les efforts tentés pour franchir les obstacles furent en partie infructueux, parce que les notions reçues sur le compte de ces Animaux étaient remplies d'erreurs. M. Geoffroy fut même obligé de rompre une lance pour prouver qu'ils ont un squelette.

Le moment était favorable pour attaquer cette doctrine, qui tendait à envahir toutes les organisations de la Zoologie. Il fut bien saisi. On vint à bout d'établir un nouvel ordre d'idées. On apprit à l'Académie que *l'organisation solide des Animaux inférieurs ne pouvait en rien être comparée à celle des Animaux supérieurs, et qu'il était* *inutile d'y chercher des rapports introuvables.* On avança même que ces Animaux inférieurs sont privés de la plupart des organes des sens. La Métaphysique, cette prétendue Science qui, semblable aux Ombres des guerriers de Fingal, n'habite qu'au-dessus des nuages et des vapeurs, se prit à sourire d'orgueil, lorsqu'on lui annonça des Animaux qui odoraient et qui écoutaient sans organes matériels spéciaux. L'Animal inférieur retomba aussitôt sous les absurdes lois du seul *instinct* *. En vain il offrit ses arts divers, il prouva qu'il méditait la plupart de ses actions ; en vain les républiques d'Hyménoptères donnèrent lieu aux observations les plus surprenantes. L'œil fut contraint de voir ces faits ; mais l'esprit se refusa à toute compréhension : tout fut de nouveau rapporté à l'instinct. De grands noms adoptèrent ces erreurs !

* Il s'agit ici de l'*instinct* tel que les Métaphysiciens et les Amistes l'admettent.

Pourtant il se montra des esprits rebelles qui soupçonnaient et qui professaient que les Crustacés ont un véritable nez et de véritables oreilles. Scarpa avait déjà décrit l'appareil auditif du Homard. En 1820, j'eus le bonheur de découvrir son organe d'olfaction, que je ne fis connaître qu'en février 1827.

C'était un pas d'autant plus grand vers la doctrine *des analogues*, que j'annonçais en même temps la nécessité d'une refonte générale de nos idées sur l'organisation des Animaux inférieurs : je n'avais pas encore terminé mes recherches, mais *toute la révolution* était déjà consommée pour moi.

En 1821, j'avais découvert que la trompe d'un Diptère n'est point formée des mêmes élémens que celle d'un Hyménoptère ou d'un Lépidoptère.

La même année, l'étude de la bouche interne des Crustacés fit naître en moi des idées que la seule bouche de la Langouste put confirmer et rectifier en 1827.

En 1822, je présentai et je démontrai *publiquement*, que les Animaux articulés ont des appareils solides comparables aux vertèbres des Animaux supérieurs. A cette même époque , je me convainquis que les ailes des Insectes appartiennent aux pièces supérieures du corselet , et que ces pièces supérieures du corselet correspondent exactement au test de la plupart des Crustacés.

En 1823, les plus minutieuses études entreprises sur les Coléoptères, me démontrèrent que tous ces Insectes ont primitivement cinq articles tarsiens. Cette même année, je comparai ces appendices de locomotion terrestre aux appendices de la locomotion aérienne , et je les jugeai identiques.

En 1824, 1825 et 1826, je notai de nombreuses observations sur l'organisation générale des Animaux articulés : je m'expliquai les Araignées, les Jules, etc.

Je ne pus compter les diverses pièces solides qui constituent le test de beaucoup de Crustacés qu'en 1827 , et dans les galeries du Muséum de Paris.

C'est à **M.** Carcel , en 1827, que je dois mes idées sur les aperçus et les usages des balanciers des Diptères.

J'aurais pu rompre le silence sur chacun de ces nouveaux aperçus : mais les réflexions qu'ils faisaient naître en moi, l'horizon d'applications qu'ils déployaient devant mes yeux , et la conviction qu'ils finiraient par m'amener à un résultat général, me retinrent et me poussèrent toujours vers des observations nouvelles. Je n'eus point lieu de m'en repentir. Cependant je rédigeai une série immense de spécialités entomologiques ; j'osai même en aventurer quelques-unes dans le public. Il eût fallu se trouver dans ma position pour comprendre les difficultés de mon rôle. Je savais que les termes usités, que la plupart des idées généralement reçues étaient fausses, et je me trouvais dans l'obligation de les employer.

Enfin, je me décidai à déclarer que les Animaux articulés reconnaissent les mêmes lois d'organisation solide que les Animaux supérieurs. On peut croire que j'ai mûrement réfléchi avant de prononcer qu'un *Insecte est vertébré ;* car des questions d'un ordre plus relevé et d'une importance majeure s'offraient tout-à-coup à mon esprit, et allaient m'arrêter soudain, si ma théorie était prématurée. Aucune étude ne fut négligée. J'ai soigneusement examiné plus de quatre mille espèces d'Animaux. Tous les Crustacés, toutes les Arachnides qui se trouvent au Muséum de Paris, furent soumis à l'analyse la plus minutieuse. Je prenais plaisir à me créer moi-même des doutes, des embarras et des difficultés, pour avoir ensuite la satisfaction d'en triompher. Le sujet, malgré son étendue, fut donc approfondi sous mille aspects divers, et sur tous les matériaux qui furent à ma disposition. Je crois pouvoir me rendre ce témoignage que tout obstacle fut surmonté, et que les races qui semblaient d'abord contradictoires à mes principes, furent précisément celles qui les confirmèrent et qui m'éclairèrent de la plus vive lumière. Jamais conviction ne fut plus consciencieuse que la mienne. Ma plus grande difficulté fut de me dépouiller moi-même des notions d'une science antérieurement acquise.

Je crois exposer une doctrine simple dans ses élémens, simple et immense dans ses résultats, et digne de l'attention des Naturalistes. Sans doute je me suis élevé jusqu'à des opinions qui se rattachent à la témérité. Lorsque j'avance que la troisième vertèbre du test des Crustacés ou que le segment des ailes postérieures des Insectes correspond à notre vertèbre occipitale ou cérébelleuse, j'avance un fait absolument inconcevable pour celui qui se refuse déjà à l'idée première que ces Animaux sont vertébrés. En tout cas, il ne sera jamais aussi surpris que je le fus moi-même, lorsque cette opinion vint s'offrir continuellement à ma pensée, et ne me laisser de repos qu'après avoir jeté les plus profondes racines. Tout ce que j'ai pu imaginer pour m'en dissuader n'a fait que la fortifier de plus en plus, jusqu'à ce qu'à la fin il ne me resta pas le moindre doute à son égard. On ne peut concevoir ma vertèbre sonore qu'après une foule d'études, d'analogies et de rapprochemens que je ne puis pas même indiquer. Les nerfs de cette vertèbre et ceux de la vertèbre gustale correspondent aux nerfs sensoriaux de la cinquième et de la huitième paire sur l'Homme. Mais ces paires nerveuses ont sur l'Homme bien d'autres devoirs à remplir que ceux de présider seulement au goût et à la voix. Elles s'y trouvent portées à leur plus haut développement, tandis qu'elles finissent par disparaître sur les Crustacés.

Les Animaux articulés démontrent la nécessité de modifier les idées que nous attachons au mot *vertèbre*, qui, déjà

*d**

sur les Animaux supérieurs, n'était plus destiné spécialement à protéger le système nerveux. La vertèbre, considérée comme étant toujours composée de pièces solides, ne peut être définie ni pour la forme, ni pour la position, ni pour la fonction. Elle offre les configurations les plus variables : on la trouve à toute la circonférence du corps; elle exécute les fonctions les plus opposées. On ne peut pas même la définir, et c'est ici le point essentiellement philosophique, comme un organe propre à l'exécution d'une fonction toujours identique; car elle est souvent appelée, soit en partie, soit en totalité, à des devoirs différens. C'est le véritable Protée de l'organisation. Mais pour peu qu'on se donne la peine de la suivre, on ne tarde point à la saisir dans ses métamorphoses.

Je pense qu'il ne conviendrait pas de dire que la vertèbre solide est elle-même un organe : elle est toujours une portion d'organe. Mais, comme organe ou appareil solide, elle n'est pas simple; elle constitue un appareil complet, dont les divers élémens remplissent chacun un rôle distinct, suivant la nature de la vertèbre. Ainsi, quand je désigne la vertèbre *optique*, j'annonce un appareil solide complet, destiné à la vision. Cet appareil n'a pas la même fonction que la vertèbre *acoustique*, et il n'est pas situé dans la même région que la vertèbre *hyoïdienne*, qui, dans la série des Animaux, fournit à tant d'exigences variées.

Mais la vertèbre solide nous offre dans sa composition un fait qui appelle toute nos méditations. Dans son plus haut point de développement, elle a été trouvée *formée de neuf pièces élémentaires* sur les Animaux supérieurs. J'ai reconnu la même loi pour les Animaux articulés. Cette loi se poursuit sur les Animaux mollusques et sur les Radiaires, comme je le démontrerai plus tard.

De ces neuf élémens, quatre se trouvent toujours simples et binaires, ou disposés par paires. Quatre autres , également binaires, sont ordinairement divisés en plusieurs fractions pour former divers instrumens. Le neuvième paraît toujours simple et unique; mais les Mollusques prouvent évidemment qu'il peut se diviser en deux portions , quoiqu'il y soit souvent unique.

Je conclus de cette observation générale, que *le système solide primitif des Animaux se développe toujours par portions paires ou par couples , et qu'il ne peut fournir au-delà de cinq paires pour la plus grande perfection de la vertèbre.* Mais pour obvier à cet inconvénient, et pour amener des résultats plus diversifiés et plus admirables, *les deux dernières paires ont le privilége de se briser en fractionnemens , susceptibles eux-mêmes de former et de paraître des appareils nouveaux.* Leur perfection est toujours en raison directe avec le rôle de la vertèbre.

Si j'avais à prononcer d'une manière

générale sur la vertèbre, je dirais : *Elle enveloppe seulement et protège le corps des Animaux mollusques ; elle protège le corps des Animaux articulés, sert à l'exécution de tous leurs arts, et acquiert sur eux sa plus grande perfection, surtout pour les organes du mouvement : moins développée sur les Animaux supérieurs, elle perd de son utilité générale à mesure qu'elle sert davantage à recouvrir l'encéphale.*

Dans la science actuelle, il serait intéressant de poursuivre le rôle que chaque élément d'une vertèbre désignée remplit sur les diverses classes des Animaux. Il ne me serait point très-difficile de faire ce travail pour la plupart des vertèbres sensoriales : ainsi, je me chargerais bien de retrouver tout le nez du Renard dans les antennes olfactives de l'Écrevisse ; j'en développerais toutes les pièces, même les cartilages. Mais cette étude ne regarde point l'ouvrage que je me suis imposé pour le moment. Je me contenterai de faire observer que la fréquente division des deux dernières paires élémentaires de la vertèbre a peut-être donné lieu à quelques erreurs pour le crâne des Animaux supérieurs. Ces erreurs, si elles existent, seront rectifiées. Mais ce que l'on ne saura jamais trop admirer, c'est que le génie de l'Homme ait d'abord rencontré la vérité dans les parties les plus difficiles. Certainement les Animaux supérieurs devaient être expliqués par les Animaux inférieurs : le contraire a eu lieu. N'en cherchons point la cause ailleurs que dans la bizarre direction de nos études et de nos spéculations.

Si la vertèbre est un appareil complet de pièces solides qui doivent remplir des fonctions déterminées, il en résulte qu'elle-même appartient à d'autres appareils qui l'excitent et qui la meuvent. Les pièces solides sont mises en jeu par les muscles qui, à leur tour, se trouvent sous la dépendance des nerfs. Les muscles seuls peuvent servir à la locomotion ;

on a alors un Animal plus ou moins nu. Celui-là donc qui écrirait que la *véritable vertèbre consiste dans la réunion des divers systèmes qui en font un organe spécial*, en donnerait peut-être la plus juste définition. La vertèbre *de fait* et *l'idée* de la vertèbre resteraient permanentes , quoique ses appareils composans ne fussent pas tous présens. L'étude des Animaux inférieurs conduit directement à cette opinion. En effet, ils offrent souvent des appendices locomoteurs sans la moindre trace de pièces solides. Le *Chitonella lævis* (qui certainement n'est qu'un Oscabrion) n'a que le basial, tandis que la plupart des Oscabrions possèdent les neuf élémens ordinaires.

L'énoncé de cette opinion nous place de suite sur un terrain nouveau ; car, pour connaître l'Animal, il suffira de connaître son système nerveux, qui commande aux muscles de se mouvoir eux-mêmes, ou de faire agir les pièces solides.

L'encéphale des Animaux supérieurs est un centre d'où irradient les ordres pour les divers organes de mouvement. Le cerveau est chez eux un organe essentiel à la manifestation de la vie. Ce fait n'a point lieu sur les Insectes, qui sont privés d'encéphale et par conséquent de centre de volonté. Sous ce point de vue, comme sous celui de la respiration, ces divers Animaux ne sont susceptibles d'aucune comparaison. Ainsi la Mouche vole encore après l'ablation de ses organes des sens; elle vole avec la même vitesse, parce que ses balanciers sont restés intacts; mais elle ne peut plus diriger son vol avec le secours des yeux; elle vit encore quelque temps après la perte de ses principaux organes. Chez elle, les organes de la locomotion, et l'organe incitateur et directeur de la locomotion, n'ayant pas été détruits, continuent d'exercer leurs fonctions réciproques. Sur l'Animal supérieur, cette décollation suspend de suite l'acte respiratoire, qui alors ne se trouve pas même interrompu sur la Mouche.

Sur les Insectes, sur les Arachnides écrasés, mutilés, les membranes palpitent encore, parce que chaque vertèbre, étant *un foyer particulier de vie*, ne meurt qu'à son tour et d'après la gravité du mal. On peut donc (et je pense que c'est avec raison) considérer les vertèbres d'un Animal articulé *comme formant autant d'Animaux dont chacun aurait ses nerfs, ses muscles, ses organes de respiration et ses organes solides, par conséquent sa vie, à part, dont chacune jouerait un rôle différent, mais qui tendrait à former un ensemble parfait pour l'existence et le bien-aise de leur association.* Les fonctions nécessaires à la vie appartenant ainsi en propre à chacun des membres de la société, un membre peut être lésé, sans que ses voisins en souffrent nécessairement. Mais à mesure que les fonctions se *centralisent* ou plutôt se *spé-*

cialisent, l'organe qui les exécute acquiert une importance toute vitale. Il ne peut plus disparaître sans inconvénient, parce qu'une brusque réaction s'exerce sur toute l'économie, et que la totalité des fonctions est sur-le-champ anéantie.

Cette doctrine nous rend compte de la plupart des actes des Animaux articulés. Si chaque vertèbre ou chaque appareil vertébral *est comme un Animal à part,* qui exerce une fonction spéciale pour le bien-être de la communauté, il devra porter en lui-même les conditions de cette préférence. Son organisation solide devra nous dévoiler quelques-unes des pensées qui l'agitent intérieurement. Ces pièces forment alors des instrumens d'un usage assez facile à déterminer, lorsqu'on connaît les habitudes de l'Animal. L'instrument amène la nécessité de l'action ; mais il n'est point l'organe qui *la désire* et qui *l'exige.* Le système nerveux préside seul à cette faculté. Le nerf ordonne, les muscles se meuvent, et l'instrument exécute. Alors le ganglion vertébral est toujours plus développé ; en lui résident donc et la volonté et le moyen de l'exécution. Sur l'Homme, les membres ne peuvent se mouvoir rationnellement sans l'intervention de l'encéphale. Vouloir et agir sont une chose identique sur l'Insecte : il ne veut que satisfaire à des besoins pour lesquels la vertèbre lui donne des instrumens. Ces instrumens si parfaits, cette science innée dans l'exercice d'arts dont il ne fit point l'apprentissage, lui furent nécessaires pour le peu de jours qu'il eut à vivre. Plusieurs idées, plusieurs actions que nous n'acquérons que par l'éducation, sont chez lui les seuls produits de l'organisation.

Je le demande maintenant, si chaque appareil vertébral d'un Insecte est un centre particulier de vie et de sensation, ai-je donc eu tant de tort pour avoir écrit que son nerf PENSE ? Si j'avais dit : « L'œil d'une Mouche voit, le nerf olfactif d'un chien odore, » on n'eût pas fait la moindre attention à ces termes, qui sont d'un usage journalier. Pourtant le nerf qui voit avec l'aide d'un œil a *lui-même* l'idée de la lumière; il la pense : car on ne dira point que *cette pensée* se rapporte toujours à une opération de l'encéphale. L'exercice de la vision exige une série d'actes sur lesquels on n'a peut-être pas assez réfléchi. *Il nécessite le désir de voir, l'art de fixer les objets, la réflexion qui les juge et la mémoire qui en conserve le souvenir.* L'Homme attribue tout cela aux hautes opérations de sa raison ; il n'y voit que les résultats de l'intelligence. Mais depuis quand l'Insecte voit-il par d'autres opérations que l'Homme ? Comme lui, il a une vertèbre optique ; il a même des yeux plus parfaits ; peut-être il voit mieux. Ayons donc des idées plus saines sur les fonctions les plus simples. La fonction de voir ne consiste pas dans la seule vision ; elle apprécie encore l'objet observé, comme l'estomac juge l'aliment dont il

a eu faim et qui lui est servi. La mémoire n'est pas non plus une fonction
spéciale ; c'est une des conditions plus
ou moins importantes de la fonction ;
elle tient éminemment à l'organisation.
Ainsi la paralysie ou l'atrophie des nerfs
optiques ont fait perdre à quelques individus jusqu'au souvenir d'avoir joui de
la vue, et jusqu'aux idées qui dépendaient
de l'exercice de cette fonction.

Le cerveau de l'Homme est le siége
de ses opérations intellectuelles ; aussi
dit-on dans le langage ordinaire : « *Le
cerveau pense ; le cerveau médite*, »
sans que ces expressions offrent rien
d'étrange. Le cerveau de l'Homme est
un organe centralisé. Mais sur les Animaux inférieurs, il n'existe plus en un
organe unique ; il est disséminé dans
chacune des parties du corps, dont l'une
voit, l'autre entend ; celle-ci maçonne,
celle-là perfore avec une tarière ; de même
que le nerf optique préside à la fonction
de l'œil, de même des nerfs spéciaux

président aux diverses industries de ces Êtres. Sur les Insectes, chaque fonction, et par conséquent chaque pensée, est un besoin. Ce qu'ils pensent, ils l'exécutent : ils ne pensent que ce qu'ils doivent exécuter. Je ne crois point que la nature ait poussé envers eux la prodigalité jusqu'à les doter de penchans ou d'idées avec lesquelles leur organisation ne saurait les mettre en rapport.

Sous quelque forme que nous cherchions à discuter ce sujet, nous nous trouverons toujours ramenés à cette idée qu'*un nerf est composé de parties sentantes et de parties agissantes.* L'action n'a lieu qu'en vertu de la sensation ; et en bonne logique comme en saine médecine, *la pensée est-elle autre chose que la sensation ?* Quand un Frêlon, placé en sentinelle, a entendu et reconnu l'ennemi ; quand il se hâte d'avertir ses camarades ; quand il se précipite sur le danger, ne fait-il qu'obéir aux seules inspirations de l'instinct ? N'exécute-t-il pas une série d'actes qui dénotent, et la pensée, et la réflexion, et la mémoire, et la combinaison de plusieurs idées ? Cependant l'on n'a pas eu honte d'attribuer ces diverses opérations à des causes supérieures aussi absurdes que les Philosophes qui se mêlent de disserter sur des objets qu'ils ne connaissent point, et qu'ils se refusent obstinément de connaître. Quand un grave professeur m'assure que la cause première de la vision est immatérielle et qu'elle appartient à l'*ame*, je ne le crois point, parce qu'alors les Animaux les plus simples posséderaient une ame. Le Métaphysicien qui, de nos jours, a défini *l'ame comme une intelligence servie par des organes matériels*, a imprimé une des plus grandes sottises qu'on puisse rêver sur terre. Des accidens particuliers ont fait périr dans une ruche les larves Reines des essaims à venir. Qu'arrive-t-il souvent ? Les Abeilles choisissent des larves qui d'abord ne devaient donner que des Ouvrières. Avec une nourriture plus royale, elles leur créent une organisation et des mœurs royales ; elles en font des Reines. Celle qui éclot la première se met en possession de l'empire : elle combat, elle met à mort ses odieuses rivales. D'où lui viennent donc cet orgueil inné, cette soif de la domination, ces haines mortelles, cet esprit de guerre impitoyable, qui chez l'Homme sont, dit-on, le résultat de facultés immatérielles ? Rien n'est plus simple que ce fait. L'Abeille ouvrière est devenue reine ; elle a reçu le développement d'organes nouveaux, parce qu'elle eut besoin de fonctions nouvelles.

En vain on m'objectera que les facultés énoncées dans ces divers articles ne se manifestent sur l'Homme qu'à la suite d'opérations successives dont il est aisé de se rendre compte. Je répliquerai que l'Homme est condamné, par l'excessif développement de son encéphale, à passer par tous les degrés particuliers d'exercices qui conduisent à la perfection.

L'Homme est l'Animal éminent, parce qu'il est le plus perfectible *. Il serait très-facile de prouver que son intelligence, qui parfois atteint une hauteur prodigieuse, est peut-être moins due à son organisation elle-même, qu'à la faculté qu'il possède d'acquérir et de perfectionner cette intelligence. L'exercice des hautes facultés intellectuelles n'est pas une nécessité pour lui, puisqu'il ne peut les cultiver et les agrandir que sous l'influence des circonstances les plus matérielles. L'Homme a l'idée innée des arts ; mais il ne possède point les arts en propre : il faut qu'il les invente. L'Insecte, au contraire, naît tout confectionné et tout éduqué. Incapable

---

* *Celui-là* doit donc être maudit du genre humain, qui s'oppose à la civilisation et au perfectionnement des facultés intellectuelles de ses semblables. Que le sang des victimes poursuive la mémoire des conquérans ! Mais que l'horreur et que l'exécration des siècles pèsent de tout leur poids sur le corps et sur le souvenir de *ceux* qui arrêtent ou qui font rétrograder le génie de l'Homme !

peut-être d'aucune perfection, *il porte toutes ses destinées dans ses organes.* Il agit, parce qu'il a des organes pour agir et pour l'exciter à l'action. Sur lui, la nécessité de l'action , la pensée de l'action, les instrumens ou moyens de l'action , l'exécution de l'action elle-même , sont identiques. Tout cela fait partie de lui-même et le constitue ce qu'il est. L'Homme a besoin *d'apprendre* à voir, à entendre, à marcher, à réfléchir. Au sortir de sa chrysalide, l'Insecte voit, odore, vole, reconnaît les fleurs et construit son nid, comme s'il était guidé par les leçons d'une longue expérience. Possession directe des industries, voilà l'Insecte : acquisition et perfection de ces industries, voilà l'Homme. L'organisation paraît différente sur l'un et sur l'autre. Pourtant elle est toujours formée des mêmes matériaux , et elle donne lieu aux mêmes résultats, à la vérité plus étendus et plus variés sur l'Homme, parce que le système nerveux est sur lui le système par excellence.

Telle est ma façon de penser sur ces sortes de choses. Voué aux études de l'organisation, je lui attribue tous les phénomènes qui excitent et qui meuvent l'Animal. Que d'autres s'élancent dans les espaces imaginaires pour y trouver des causes pareillement imaginaires. Moi, je reste sur la terre. C'est le plus sublime hommage que je puisse rendre à la *Cause créatrice et ordonnatrice.*

Mon ami, ces opinions, données sans pusillanimité, seront combattues : des adversaires de natures différentes s'élèveront contre moi. Les Zoologistes seuls sont redoutables. Au moins ils seront dans l'obligation d'étudier le sujet, et j'espère qu'ils n'apporteront dans la lice que la bonne foi et l'égalité des armes. Ils resteront sur un sol facile à explorer dans chacune de ses parties, mais qui demande des études prolongées avant d'offrir à l'esprit des résultats positifs. Je le répète, eux seuls se prendront corps à corps avec les élémens de ma doctrine. Ils sont mes juges naturels. Je m'engage d'avance à ne répondre qu'aux objections qui me seront directement faites par l'A-natomie. Loin de craindre la lumière des investigations, je la provoque de tout mon cœur.

Eh! qu'ai-je à démêler avec des Hommes qui voyagent dans des régions dont je ne puis pas même soupçonner l'existence, et qui, de leur côté, n'ont pas la plus légère notion du terrain dont je cherche à remuer la poussière? Ils parlent orgueilleusement des facultés de l'intelligence, sans se donner la peine de constater en quoi elles consistent. Dans le dévergondage de leurs théories, ils méconnaissent sans cesse le jeu naturel de nos organes, ils nient que la fonction qui commande soit d'origine identique avec la fonction qui exécute, comme si la nature avait placé dans quelques-uns de nos tissus une vie seulement de désirs et de spéculations! Comme si elle avait gratifié les Animaux d'instrumens qui ne fussent sous la dépendance d'aucune sensation! Mais qu'ai-je à dire davantage sur leur ignorance? Le fait suivant répond à toutes leurs déclamations. Un homme, distingué par la profondeur de ses aperçus métaphysiques, venait de faire une longue dissertation sur les usages et la nature du système nerveux. Ses auditeurs le couvrirent d'applaudissemens. Entre eux tous, moi seul peut-être je doutais vraiment de sa science. Cet Homme si habile, qui d'une parole pulvérisait les malheureux Anatomistes, ne savait pas même ce que c'était qu'un nerf; il n'en avait jamais vu. Pressé par une de mes questions, il entreprit de me prouver combien les nerfs sont des instrumens grossiers et matériels: il contracta avec force les *muscles* de son avant-bras. « Voyez, dit-il, » en me les montrant avec jactance, » peut-on placer l'intelligence dans ces » masses de chair ? » Je me pris à rire : c'était ce que j'avais de mieux à faire.

D'ailleurs, notre civilisation est déjà assez avancée, pour que ma doctrine ne paraisse pas éclore avant le temps. C'est un Médecin, et non un Professeur de la Philosophie actuelle, que nos lois appellent pour éclairer les tribunaux. Platon, avec son éloquence et ses rêveries sublimes, cité devant une Cour d'assises pour prononcer sur l'état moral ou intellectuel d'un de ses semblables, serait jugé digne des Petites-Maisons plutôt que de la reconnaissance des juges.

Trop long-temps j'ai essayé de croire à des illusions qui flattaient mon amour-propre et la tendance particulière de mes idées. Des hommes, chargés de cultiver les derniers jours de mon enfance, l'ont impressionnée par des opinions extravagantes et par les sentimens les moins en rapport avec notre nature. Bientôt ma première jeunesse sourit avec avidité à ces doctrines purement intellectuelles et idéales, qui se déguisent sous toutes les formes possibles, qui vous caressent de leurs mensonges enchanteurs jusqu'au sein des passions, et qui sont capables de porter l'Homme à des actes pour lesquels il ne fut point créé. J'avais la tête pleine de chimères philosophiques. Mais j'étais destiné à penser par moi-même.

La profession sociale que le meilleur des pères me fit embrasser, exigea des études sérieuses. *Je vis un cadavre !* une révolution subite s'opéra dans mes idées. Ce visage qu'hier l'étincelle de la vie animait encore, ces yeux si ternes maintenant, ces membres roides et glacés, ces entrailles où l'on prescrivait à mon scalpel de chercher témérairement le siége des fonctions, ce cerveau où la plus hardie des théories modernes venait de localiser les facultés intellectuelles, cet aspect de la matière morte et rigide, m'appelèrent à des réflexions si élevées, que de suite je mis sous mes pieds tout le faste de mes croyances acquises, pour ne plus les admettre qu'après un mûr examen. La Médecine, l'Anatomie, la Zoologie, travaillées par des hommes nouveaux, subissaient alors des innovations de la plus haute importance. Je ne me doutais point qu'un jour je me trouverais moi-même emporté dans cet élan qui poussait les esprits vers l'observation directe des organes et des faits.

Mon ami, je le livre donc au Public, ce tribut de mes études et de mes facultés intellectuelles. Je paie à mes dignes Maîtres le salaire de leurs bontés et de leurs encouragemens : car, si je puis être de quelque utilité à la science zoologique, il faut moins m'en rapporter la louange qu'à ces *Hommes* dont une simple parole est une récompense, et dont la bienveillance est déjà un titre de gloire. Ces Maîtres furent un Béclard, un Geoffroy Saint-Hilaire, un Blainville, un Gall, un Latreille, un Duméril. Quelques-uns m'honorent même d'une estime particulière. Il m'était donc impossible de ne pas avancer. Ils sauront apprécier mes travaux, les peser dans une juste balance ;

ils demanderont du temps et des méditations avant de m'applaudir ou de me
condamner; ils respecteront mes erreurs,
parce qu'elles sont de bonne foi, et
qu'elles tiennent à des études réelles.
Quant à cette tourbe de prétendus Naturalistes qui se croient importans, parce
qu'ils ont le privilége de l'impertinence,
parce qu'ils ont daigné rêver quelque sottise, parce qu'ils ont suivi dans leurs
ramifications une veine ou un nerf qu'ils ne
comprennent point, parce qu'ils ont trouvé
sur la nature d'un poil ou d'une plume
ce que d'autres avaient déjà imprimé,
parce qu'ils ont décrit un Animalcule qu'ils
prétendent nouveau, je les dédaigne eux
et leurs attaques. Pourtant ils font aussi
partie du matériel de la Science : mais
ils n'y figurent qu'à titre d'Entozoaires
et de Vermines qui sucent la substance
d'Animaux supérieurs. La science n'a pas
besoin d'eux; ils ne servent qu'à l'en-
combrer et à en arrêter la marche. Les
écuries d'Augias ne seront-elles jamais

nettoyées ! Nous aurons des travaux suivis, positifs et dignes de notre époque, lorsqu'en France on laissera un Serres, un L. Dufour, un Straus, dominer paisiblement dans l'Anatomie; un Dejean décrire les Coléoptères, un A. de Saint-Fargeau observer les Insectes sociaux, et un Boisduval classer les races des Papillons.

Mes travaux actuels ne suffiront peut-être point pour placer mon nom parmi ces noms. On exigera de nouvelles recherches. Mon ami, j'éviterai une misérable et haineuse polémique ; mais je ferai d'autres travaux. Éloigné du théâtre des intrigues et des Idéologues, je travaillerai consciencieusement sur les scènes mêmes de la nature; je continuerai de cultiver cette belle science entomologique, qui m'a valu les plus nobles encouragemens. Encore quelques mois, et je développerai des principes zoologiques qui n'auront pu être puisés que dans l'observation directe des spécialités. Alors il nous faudra encore modifier nos idées sur l'être Animal; il nous faudra prendre des opinions plus précises et plus nobles sur les opérations de *cette nature*, à qui l'ignorance dicta si présomptueusement des lois, et qui, mieux étudiée, se présente à nous avec de nouvelles palmes à conquérir et de nouvelles lumières à joindre au faisceau des connaissances humaines.

Vous, Raspail, vous continuerez vos habiles recherches; vous inscrirez à jamais votre nom sur les pages du livre de la nature. Le sort vous doit au moins ce dédommagement. Vous restez sur le théâtre que j'abandonne. Marchez toujours d'un pas ferme, et vous arriverez au but désiré. Combien, dans l'obscurité de mon village, il me sera doux d'entendre et de lire votre éloge! Mais point de capitulation avec l'intrigue et la méchanceté. Un jour peut-être vous vous souviendrez aussi que l'Auteur de ces lignes, s'entretenant avec vous sur les théories actuelles du système nerveux, vous établit ce principe :

« *Le système nerveux commence à*
» *se développer pour les organes nutri-*
» *tifs, et ensuite pour quelques organes*
» *sensoriaux. Il finit par se consti-*
» *tuer en deux chapelets ganglionnai-*
» *res plus extérieurs qui entourent la*
» *périphérie de l'Animal, et qui ser-*
» *vent aux mouvemens des divers*
» *membres. La prédominance du cha-*
» *pelet sous - intestinal constitue les*
» *Animaux articulés ; celle du cha-*
» *pelet sus - intestinal est le privilége*
» *des Animaux supérieurs.* »

Les Anatomistes se débattront encore quelque temps dans la voie où ils se trouvent : mais ils reviendront immanquablement au principe que je viens d'émettre, et que , jusqu'à ce jour, je n'applique qu'aux seuls Animaux mentionnés.

Votre ami,

J.-B. Robineau-Desvoidy , D. M.

A MON MAITRE,

ÉTIENNE GEOFFROY SAINT-HILAIRE,

DONT LES OUVRAGES

DE

PHILOSOPHIE ANATOMIQUE

ONT FONDÉ UNE NOUVELLE ÉCOLE

POUR LES ÉTUDES DE L'ORGANISATION ANIMALE,

CELLE

DE L'ANATOMIE TRANSCENDANTE.

Te duce, miles ego.

J.-B. ROBINEAU-DESVOIDY, D. M.

RECHERCHES

SUR

L'ORGANISATION

VERTÉBRALE

DES

CRUSTACÉS, DES ARACHNIDES

ET DES INSECTES.

CHAPITRE PREMIER.

CONSIDÉRATIONS SUR L'ÉTAT ACTUEL DE LA SCIENCE.

Par suite des travaux de plusieurs Membres de l'Académie des Sciences, l'Anatomie comparée a pris de nos jours une extension tout-à-fait remarquable et une direction déjà féconde en résultats positifs. Tous les Animaux compris dans la classe des *Vertébrés* de M. Cuvier ont été rapportés à une *unité* d'organisation universellement admise, soit pour l'ensemble, soit pour la plupart des détails de leurs diverses parties. Dans cette lutte honorable, nécessitée par le conflit d'opinions différentes, notre patrie a gardé sa supériorité accoutumée dans les sciences zoologiques. Mais la lice n'est pas close : de très-grandes difficultés restent encore à vaincre, malgré les veilles et les recherches des hommes les plus habiles. Mon travail actuel s'adresse précisément à ces grandes difficultés.

Dans l'origine je ne voulais que rappeler quelques observations faites à des distances plus ou moins éloignées les unes des autres. Je ne songeais nullement à la prétention et encore moins à la possibilité d'émettre jamais une théorie sur des sujets, qui me semblaient exiger la réunion des plus vastes connaissances et des études les plus minutieuses. Mais lorsque j'essayai de rédiger ces observations, je crus m'apercevoir qu'il ne serait pas difficile de les lier entre elles par une chaîne commune qui, en leur donnant plus d'extension, pourrait aussi ajouter à leur intérêt. De-là la nécessité de nouvelles recherches qui modifièrent plusieurs de mes opinions premières, *me firent totalement rejeter la plupart de celles de mes prédécesseurs*, et me confirmèrent dans quelques-uns

des soupçons qu'un de mes maîtres d'anatomie avait déjà énoncés. Je dois l'avouer
hautement : j'aurais pu concevoir mon sujet
autrement que mes autres maîtres, mais sans
la Philosophie anatomique de M. Geoffroy
Saint-Hilaire, et surtout sans le cours qu'il
fit en 1820, il ne me serait jamais venu dans
l'idée de faire certains rapprochemens que
ce professeur rencontra lui-même et annonça depuis cette époque.

Résultat singulier ! Je ne voulais marcher
sur les traces de personne, parce que je ne
devais rapporter que ce que mon œil avait
vu, que ce que mon esprit avait cru saisir :
j'amassai mes matériaux dans la solitude, et
loin de Paris. A peine eus-je mis quelque
ordre dans ma rédaction, que je me trouvai
sur un terrain neuf à la vérité, mais déjà indiqué et presque tracé par M. Geoffroy. En
vain je m'efforçai de me soustraire à cette
influence, chaque jour la force des choses
me courba davantage sous sa loi. Cet aveu
public m'est agréable sous plus d'un rapport : puissent seulement la plupart de mes
aperçus être vrais ! Si je diffère de sentiment
avec ce célèbre professeur sur la nature première de quelques pièces, je déclare né-

mettre mon opinion qu'après l'avoir long-
temps et mûrement réfléchie.

Cependant quelque fondée que puisse être
ma confiance, je ne me dissimule point les
chances de périls et d'erreurs dans lesquelles
ne manquera pas de m'entraîner la nature
même des recherches que je me hasarde d'exposer. Je dois déclarer que depuis long-
temps j'ai moi-même reculé devant les résultats que j'ai pensé avoir entrevus ; et aujourd'hui c'est avec une véritable crainte
que je me risque dans une voie éminemment
féconde en vérités à découvrir, et également
propre à mener loin du but qu'on se flattait
d'abord d'avoir aperçu. Je sais que dans l'observation des choses de la nature, l'erreur
reste personnelle à celui qui la commet, et
qu'il n'appartient qu'à la vérité de demeurer
propriété inaliénable de la science. Mais dans
des sentiers aussi difficiles à parcourir, les
juges doivent également se rappeler qu'on
peut ne point être coupable pour s'être
trompé. Toutefois, avant d'entrer en matière, je déclare n'en appeler qu'au seul jugement de ceux qui auront examiné mon
travail dans toutes ses parties.

Dans l'état actuel de la science peut-on es-

pérer trouver pour les Crustacés, les Arachnides et les Insectes, des lois analogues à
celles qu'on a signalées sur les Animaux supérieurs? Si nous nous en rapportons à la
plupart des écrits publiés sur ce sujet et aux
principes professés, nous serons tentés de
croire que cette section de la science ne laisse
plus guère à désirer, quoiqu'on ne soit
pas d'accord sur la plupart des points d'analogie et de ressemblance. Les études et les
travaux de nos plus habiles zoologistes prouvent les difficultés que ce sujet dut offrir, et
nous démontrent la nécessité de recherches
sérieuses, puisque les observateurs les plus
renommés par leurs connaissances et leur
exactitude ont souvent échoué.

A MM. Cuvier et de Lamarck appartient
la gloire d'avoir nettement distingué entre
eux les Crustacés, les Arachnides et les Insectes que Linné n'avait pas séparés d'une
manière rigoureuse. On a élevé diverses théories, soit pour éloigner ou rapprocher ces
Animaux des Animaux supérieurs, soit pour
expliquer la nature ou la cause de leurs facultés et de leurs penchans. Ici les hommes
les plus célèbres viennent sanctionner leur
opinion de l'autorité imposante de leur nom.

Eh bien ! ceux qui les premiers ont déroulé la nappe encéphalique des Animaux vertébrés, ceux qui ont le mieux analysé les organisations les plus compliquées, ceux même qui ont pénétré le plus avant dans les détails minutieux des Animaux dits *invertébrés*, n'ont ordinairement établi que des hypothèses sur ce qui concerne les êtres dont je m'occupe. La doctrine de M. Gall, si riche en résultats sur les Animaux supérieurs, est tout-à-fait inadmissible pour expliquer les actes moraux et industriels des Araignées ou des Insectes *qui n'ont point d'encéphale*, et *qui certainement ne sont pas réduits aux seules propensions instinctives.*

Si plusieurs anatomistes accordent à ces Animaux quelques analogies avec les Animaux supérieurs, d'autres les en éloignent d'une manière indéfinie. Scarpa avait soupçonné et décrit l'organe de l'audition sur les Crustacés homobranches; plusieurs zoologistes non moins renommés se refusèrent à cette idée, qui bientôt ne se laissait plus reconnaître par aucun vestige. On écrivit pour prouver que les Insectes devaient avoir des organes des sens; on écrivit pour prouver qu'ils ne possédaient ni ces organes, ni même la jouissance de ces sens. Les progrès toujours croissans de l'Anatomie firent élever de nos jours une question avidement adoptée par les uns, et rejetée avec force par les autres : Ces Animaux sont-ils vertébrés ou invertébrés? Ont-ils un véritable système ganglionnaire spinal? ou bien leurs nerfs appartiennent-ils à un autre système? Ce problème ne me paraît pas encore résolu, et les opinions flottent tellement incertaines, que tel qui naguère admettait ces Animaux comme vertébrés, les prétend aujourd'hui invertébrés; et je pourrais citer nombre de ceux qui se sont d'abord prononcés avec le plus d'énergie contre l'existence de ces vertèbres, qui les admettent maintenant sans la moindre répugnance. Mais nul zoologiste n'est d'accord ni sur le nombre, ni sur l'étendue, ni sur la définition, ni sur la composition de ces vertèbres. On se contente de dire : *Il y a, ou il doit y avoir vertèbre*, sans chercher à descendre plus avant dans le sujet, qui dèslors méritait de fixer l'attention d'une manière tout-à-fait spéciale.

Mais les difficultés, les embarras et les contradictions se montrent et se renouvellent sous mille formes différentes, lorsqu'on veut accorder les opinions des observateurs qui ont essayé de rapprocher entre elles les organisations si diversifiées de ces mêmes Animaux. Les uns ont toujours trouvé identité d'organes dans les nombreuses modifications ou métamorphoses des appareils en apparence les plus distans et les plus opposés; les autres ont vu partout des différences dont ils ont cru impossible de se rendre compte. Cependant il a fallu nommer les organes de ces Animaux pour se faire entendre du lecteur ou de l'auditeur. C'est ici que la confusion parut à son comble. On jugea des objets inconnus d'après des objets connus et bien déterminés. Sur la science des Animaux supérieurs on enta la science des Animaux articulés. Aussitôt disparut la précision si nécessaire dans le langage anatomique. Le même mot, par des extensions incompréhensibles, parvint à exprimer des objets absolument différens, et qui n'avaient entre eux que des rapports d'apparence. On avait donné le nom de *pieds* ou de *pates* aux membres thoraciques et abdominaux des Quadrupèdes et des Reptiles : les membres thoraciques étaient devenus des *ailes* sur les Oiseaux; les deux paires de membres s'étaient changées en *nageoires* chez les Poissons; il avait donc suffi de simples modifications dans l'exercice de la fonction pour changer les dénominations d'organes identiques dans leur origine et dans leurs matériaux. De même, les Oiseaux ont un *bec*, les Mammifères et les Reptiles ont des *mâchoires;* on donnait aussi le nom de *mandibules* aux mâchoires de plusieurs Quadrupèdes herbivores. Il a fallu que les Insectes, bon gré ou mal gré, nous rendissent toutes ces dénominations, qui du moins étaient disséminées sur les diverses classes des Vertébrés, chacune d'elles étant caractéristique d'un grand ordre. Mais l'Insecte, par un privilége spécial, dut réunir sur sa seule personne tous les caractères observés dans l'ensemble des Animaux supérieurs. Ainsi l'Hydrophile eut des *nageoires* comme le Poisson; il eut des *pates* comme l'Ecureuil; il eut des *ailes* comme l'Oiseau; il eut des *mâchoires* comme le Lézard; il eut des *mandibules* comme le Cheval; il eut même *deux lèvres* comme le Singe et l'Homme. Pourtant rien n'est plus facile à démontrer que l'Hydrophile n'a ni nageoires, ni pates, ni ailes, ni mandibules, ni lèvres, dans la signification primitive et rigoureuse de ces mots et des organes qu'ils désignent. On a dit pareillement que la *Puce*, la *Punaise* ont un *bec*, qu'en latin on rendit par le mot *rostrum*. Dans notre langue l'appareil buccal d'un Charanson, d'un Papillon, d'une Mouche, d'une Abeille, est désigné sous le nom général de *trompe*, comme si cet appareil était composé des mêmes élémens sur chacun de ces Animaux ; et le mot *trompe* lui-même, ici employé pour exprimer des organes de succion ou de mastication, provient de la comparaison très-fausse qu'on fit de ce même organe avec l'appendice nasal, charnu et mobile, qu'on observe sur le Desman, le Tapir et l'Eléphant.

Par un abus d'homonymie encore plus condamnable, on a désigné sous le même nom des régions, qui non-seulement ne sont pas d'origine identique, mais encore qui n'appartiennent ni au même système, ni au même tissu. Les *joues* (*genœ*), qui sur les Animaux supérieurs sont essentiellement musculeuses, sont représentées sur les Insectes par des pièces solides. Bien plus, les écrivains allemands, qui ont proposé une terminologie toute hérissée de grec, ne se sont pas même donné la peine d'examiner la signification de leur nouvelle langue ; et pour ne citer ici qu'un exemple, ils s'obstinent à donner le nom d'*hypostôme* (*hypostoma*) à une région située précisément au-dessus de la bouche. Et l'on voudrait nous contraindre à accepter ce désordre !

Mais une autre cause non moins féconde en confusion, provint de l'étude plus approfondie de ces Animaux. L'observation démontra bientôt que les organes ne sont pas toujours identiques, et que sur les divers ordres ils ne servent pas sans cesse aux mêmes usages ; elle fit voir qu'ils varient et pour la position et pour le nombre. Si les Insectes broyeurs n'ont que quatre paires d'organes qui servent à la mastication, les Crustacés astaciens en présentent jusqu'à douze ou quinze paires. Joignez à cet inconvénient que les organes masticateurs des Limules sont autres que ceux des Homards, quoique ces Animaux appartiennent à la même famille. Alors ont été inventés les mots additionnels de *fausses mâchoires*, de *mâchoires supplémentaires*, de *mâchoires auxiliaires*, de *pieds-mâchoires*, etc., et une foule d'autres mots plus ou moins composés, qui tous expriment réellement la même idée, et

qui tous, ainsi que j'espère le démontrer,
désignent des pièces toujours identiques,
mais n'appartenant presque jamais aux mêmes
vertèbres.

On nomme *corselet* une région située entre la tête et l'abdomen des Insectes, et qui
porte les appendices de la locomotion aérienne. Les Araignées offrent une plaque
étendue sur les premiers segmens de leur
corps; de suite on y a reconnu la présence
d'un corselet qui n'y a jamais existé, et qui
n'a jamais pu y exister, parce que les Araignées appartiennent à une famille essentiellement différente de celle des Insectes. On
a été jusqu'à donner ce même nom à la carapace des Crustacés homobranches. C'est
que toujours on a jugé d'après l'ombre et
l'apparence.

En partant de ce principe, l'on a encore
dit la tête et le cerveau d'un Insecte ou d'une
Araignée, sans s'assurer préalablement si cet
Insecte ou cette Araignée avaient une tête et
un cerveau. Ces Animaux peuvent avoir un
renflement nerveux, d'où irradient plusieurs
paires de nerfs. Mais cela ne prouve point
que ce renflement soit un cerveau. Ce n'est
point du cerveau que ces mêmes nerfs nais-

sent sur les Animaux supérieurs. On voit
l'organe encéphalique disparaître graduel-
lement sur ces Animaux les plus composés :
on voit toutes les pièces solides de la boîte
crânienne se séparer peu à peu pour venir
former d'autres appareils, et l'on a espéré
trouver cet organe encéphalique sur les Insectes qui n'en offrent pas le moindre vestige ! Des circonstances particulières ont pu
souder ensemble la base des segmens antérieurs sur les Insectes, il en est résulté une
sorte de sphère analogue en apparence à la
sphère cervico-faciale d'un Animal supérieur.
Mais cette sphère n'a jamais constitué une
véritable tête, ni contenu un cerveau. Elle
peut être disjointe, soit dans quelques-uns,
soit dans la totalité des organes qui la composent. Ainsi le segment optique et le segment olfactif ne font plus partie de cette tête
sur les Diopsis et sur les Achias ; ainsi les
Crustacés podophthalmes portent leurs yeux
tout-à-fait séparés du reste du corps. Où pla-
cera-t-on œ cerveau sur un Scorpion, sur
une Araignée ? Le genre Nymphon parmi les
Arachnids, le genre Cyame parmi les Crustacés, tranchent la question d'une manière
péremptoire ; sur ces Animaux, chaque seg-

ment existe à part ; tous s'ajustent à la file les uns des autres, et aucun ne naît d'un point central quelconque. Jamais on ne trouvera de véritable pièce occipitale, ni de véritable pièce sphénale sur une Araignée ou sur un Insecte ; et pourtant l'on dit l'occipital d'une Abeille, le trou occipital du Hanneton.

On n'alléguera point que la plupart de ces mots sont réellement vides de sens, et qu'ils ne représentent que des objets de comparaison. Cette objection serait fausse. Jurine écrit positivement que les ailes des Hyménoptères sont identiques avec les ailes des Oiseaux, et il pousse la hardiesse jusqu'à y trouver un *humerus*, un *cubitus*, un *radius*, etc. La plupart des Entomologistes regardent les pates des Insectes comme les analogues de nos membres, dont ils sembleraient offrir les diverses régions. De-là les noms de *hanches*, de *cuisses*, de *jambes*, de *tarses*, de *métatarses*, d'*ongles*. Il est impossible de créer un langage plussignificatif ; et la division actuelle des Insectes Coléoptères prouve qu'on y attache la plus grande importance, *quoiqu'elle ne soit qu'une longue série d'erreurs.*

Dans ces derniers temps, on s'est plus spé-

cialement adonné à rechercher l'origine première et les modifications des appendices de
ces Animaux. M. Savigny exposa une théorie,
prodige de recherches et d'idées ingénieu-
ses, mais où tout fut sacrifié à une *unité* qui
n'existe point, et que l'auteur se trouve obligé
de rompre à chaque pas. Il chercha partout
l'identité des organes, et il parvint à la
trouver partout, malgré les additions et re-
tranchemens qu'il rencontra sur sa route.
Pour me faire mieux comprendre, dans ce
travail la bouche d'un Lépidoptère serait absolument formée des mêmes pièces que celle
d'un Diptère et même d'un Hyménoptère.
M. Savigny semble ici avoir limité les ressources de la nature. Mes recherches prouvent que je suis dans une contradiction
presque continuelle avec lui : mais il restera
toujours un guide sûr et fidèle pour la
minutie et l'exactitude de la plupart des
détails

M. de Lamarck adopta les vues de M. Savigny, et en même temps prit un soin particulier d'adapter à son échelle zoologique ces
Animaux qui, dans la science d'alors, lui
fournissaient les plus solides échelons.

M. Latreille, à qui ses vastes études dans

cette partie avaient procuré une ample mois-
son de faits et d'observations, signale la
vérité dans une foule de circonstances. Souvent il refuse de se ranger sous l'autorité de
M. Savigny; il expose clairement ses motifs,
et presque toujours avec avantage. Le premier il s'expliqua nettement sur l'origine
antennaire des mandibules des Araignées,
sur les organes buccaux des Ixodes, des
Scolopendres, et il entrevit l'analogie des
palpes d'un Lépidoptère avec ses pates.
Mais la suite de ses ouvrages atteste qu'il
n'attachait point d'importance réelle à ces
sortes d'opinions, puisqu'il y renonce souvent pour y revenir, et bientôt pour les abandonner de nouveau. Plus je médite ses
ouvrages, plus j'ai le bonheur de trouver
des rapports entre ses observations et les
miennes sur un grand nombre de point isolés.
Si M. Latreille rencontra souvent la vérité, il
n'est point parvenu à en faire un corps de
science. Plus capable qu'aucun autre de remplir cette grande tâche, peut-être en a-t-il
désespéré; le doute dans ces sortes de matières étant une de ses principales qualités.
Il comprit parfaitement les difficultés du sujet, et il laissa les autres s'engager plus avant

dans la carrière. Cet exemple aurait dû retenir ce *jeune Naturaliste* qui vint annoncer au sein de l'Académie des Sciences, que ces Animaux ne sont que des composés d'arceaux munis d'appendices latéraux, développés en ailes, en pates, en antennes, en mâchoires. Pour son coup d'essai, il restreignit la marche de la nature dans ses opérations les plus compliquées; il mit un intervalle immense entre ces Êtres et les Animaux supérieurs; de son autorité privée, il leur enleva la plupart de leurs organes, et il crut peut-être avoir arrêté la marche de cette Anatomie philosophique qui déjà se prononçait à l'égard des Crustacés, et qui rappelait la science à des études plus sérieuses. M. Geoffroy Saint-Hilaire, considérant les rapports d'après la série des êtres, venait d'annoncer que ces Animaux sont renfermés dans l'intérieur de leurs vertèbres; il signalait des pièces pharyngiennes, et jusqu'à un larynx dans les Crabes et les Homards.

Tel est l'état de la science au moment où j'entreprends la rédaction de mes propres observations. Dans la plupart des théories actuelles on veut que la nature, à l'égard des Animaux qui nous occupent, travaille toujours avec les mêmes instrumens, diversement modifiés , mais toujours formés des mêmes matériaux. Mais au lieu de ne voir que des Animaux analogues entre les diverses sections actuelles des Crustacés, des Arachnides et des Insectes, nous devons sans cesse chercher des différences réelles dans les matériaux de l'organisation ; ou plutôt nous devons continuellement trouver des organisations nouvelles, autrement nous n'aurions, pour ainsi dire, affaire qu'au même Animal plus ou moins modifié.

CHAPITRE II.

RESPIRATION, CIRCULATION : VERTÈBRES.

Ce travail a pour but de faire connaître la plupart des divisions segmentaires qu'on peut observer sur les Crustacés, les Arachnides et les Insectes. Souvent je serai obligé de remonter aux organisations des Animaux supérieurs ou vertébrés : *mais je ne dirai pas le moindre mot sur les Annelides, ni sur les Mollusques.*

Les Animaux que je viens de désigner, diffèrent essentiellement des Animaux vertébrés, sous le rapport de plusieurs fonctions très-importantes, et sous celui d'un grand nombre d'organes. En outre, ils présentent entre eux les plus grandes modifications pour l'exercice de ces fonctions et pour la composition de ces organes.

Aucun d'eux ne semble offrir une circulation parfaite dans ce sens, qu'un sang

veineux est artérialisé par l'effet de la respiration. Les travaux récens de MM. Milne-
Edwards et Audouin prouvent une double
circulation sur les Crustacés homobranches,
c'est-à-dire une circulation du centre à la
périphérie, et une autre qui, de l'intérieur
du corps, se porte aux branchies. Mais on
n'a établi aucune différence de tissu entre
ces artères et ces veines. On ne sait point s'il
y a des différences notables entre les deux
liquides chariés. D'ailleurs cette fonction
n'est propre qu'à une série d'Animaux articulés tellement supérieurs sous plusieurs
autres rapports d'organisation, qu'il paraît
d'abord presque impossible de les comparer
au reste des Animaux congénères. On ignore
complètement la cause et le résultat direct
de l'acte respiratoire.

La respiration et la circulation deviennent deux fonctions indépendantes l'une de
l'autre sur la plupart de ces Animaux, qui
n'offrent plus qu'un cœur vasculaire sans
communication médiate avec la masse de
l'air contenu dans des trachées ou des branchies. Plusieurs anatomistes admettent pour
les Animaux supérieurs, que le système
solide ou osseux dépend du système circula-

toire qui l'aurait sécrété ou transsudé. Cette loi cesse pour les Animaux articulés : jamais artère n'a élaboré les pates d'un Hanneton.

L'anatomie n'a pas encore signalé les vaisseaux qui peuvent porter les liquides nutritifs dans cette espèce de cœur longitudinal, ou dans les organes de sécrétion. On en est réduit à l'hypothèse de la nutrition par imbibition. Si ce prétendu cœur, où un liquide se meut sans cesse sur lui-même, est l'organe de la circulation, nous sommes contraints d'avouer ici que, la circulation liquide est une fonction isolée, n'exerçant plus une influence moléculaire sur chacune des parties de l'économie, ou plutôt que cette circulation est devenue *une fonction dont nous ne pouvons plus nous faire une juste idée.*

L'air en nature vient vivifier toutes les parties quelconques d'un Insecte, qui est ainsi soumis à une *circulation fluide* plutôt qu'à une circulation liquide. L'air en nature est à cet Insecte ce que le sang artériel est à l'animal vertébré. Il l'anime, lui donne le mouvement, il l'excite à satisfaire ses penchans. On n'a qu'à humecter cet air, bientôt l'Insecte tombera dans la langueur, et se refusera à toute énergie vitale. Cette circulation aérienne explique aussitôt la disparition de la plupart des Insectes durant les temps froids et humides, et l'engourdissement hyémal de ceux qui vivent en république.

Cet aperçu suffit pour nous faire concevoir que l'existence des Insectes exige des molécules plus simples, plus élémentaires dans leur composition, que l'existence des Animaux supérieurs qui ne s'entretiennent qu'à l'aide d'un liquide excessivement composé et rendu vital par une combustion préliminaire. Du moins est-il bien certain que ceux-là des Insestes manifestent le plus énergiquement les divers actes de la vie, qui reçoivent directement et en abondance l'air dans l'inextricable lacis de leurs trachées.

Je pense donc que, sous le double rapport de la respiration et de la circulation, les Animaux articulés ne peuvent être comparés aux Animaux supérieurs. Chez les uns la transpiration hors des parois vasculaires et de la peau est en pure perte pour l'économie; l'existence des autres ne peut se concevoir que par cette même exhalaison, sous une enveloppe extérieure imperméable aux fluides sécrétés dans l'intérieur. La cause qui fait croître les uns, occasione le malaise et la mort des autres. Les Animaux supérieurs ont une circulation intérieure et liquide; la plupart des Animaux articulés ont cette même articulation gazeuse et en rapport avec l'extérieur. Chez les Animaux supérieurs le système osseux est le produit immédiat et interne d'une sécrétion vasculaire; chez les Animaux articulés, il n'est que le résultat d'une exhalaison extérieure de l'enveloppe générale du corps. Ainsi les plus hautes fonctions s'exécutent de manières différentes, quoiqu'elles amènent le même résultat, qui est la vie avec ses phénomènes.

Mais les fonctions disgestives ont lieu comme sur les Animaux supérieurs. On observe des instrumens pour saisir et déchirer l'aliment, des cavités où il est reçu, un intestin arrosé de liquides salivaires et biliaires, pour hâter son assimilation. Les races carnivores ont également l'estomac et l'intestin plus court que les races herbivores.

La fonction de reproduction s'exécute comme sur les Poissons et les Reptiles.

La nature du système nerveux de ces Animaux a beaucoup agité les Zoologistes dans ces derniers temps. L'importance des autres questions et des résultats que cette question soulevait, fit émettre des opinions plus ou moins opposées par les hommes les plus célèbres. Les uns veulent que ces Animaux soient invertébrés, et prétendent qu'ils n'ont qu'un système ganglionaire costal. Les autres les admettent vertébrés, et soutiennent que leurs nerfs appartiennent au système ganglionaire spinal des Animaux supérieurs. Cette dernière opinion nécessitait le *renversement* du système nerveux et de plusieurs organes solides.

Dans cette question réside le plus grand problème de la zoologie actuelle. Sa solution ne peut avoir que des conséquences très-étendues.

Les Animaux articulés sont-ils vertébrés ? Sans m'occuper des diverses opinions émises à ce sujet, je me hâte de répondre que ces *Animaux articulés sont vertébrés absolument comme les Animaux supérieurs, mais que sur eux il y a prédominance des vertèbres abdominales* (ou inférieures au tube digestif), *tandis que, sur les Animaux supérieurs, il y a prédominance des vertèbres dorsales* (ou supérieures au tube digestif.)

L'énoncé de cette théorie interrompt subitement toute distance entre les Animaux articulés et les Animaux supérieurs ; elle met fin aux divisions qui agitent la science ; elle détruit l'idée du renversement du système nerveux ; elle replace les organes à leur véritable place en déterminant leur nature.

CHAPITRE III.

DE LA VERTÈBRE. — DES ORGANES SENSITIFS.

Des Animaux sans nombre, plus élevés en apparence que les Animaux dits articulés pour la perfection de la respiration et de la circulation, démontrent que le système nerveux n'a pas besoin d'être sous la protection directe de pièces solides, et qu'il peut être contenu dans l'intérieur d'un cylindre uniquement musculeux. Ces mêmes Animaux prouvent aussi que le système circulatoire n'est pas dans l'obligation de sécréter des organes solides : par ces raisons, ils tendraient pareillement à corroborer dans l'idée que la vertèbre appartient seule aux Animaux supérieurs. Mais selon moi, ils ne prouvent que ce fait, savoir : qu'il existe, 1° *des Animaux osseux à l'intérieur;* 2° *des Animaux osseux à l'extérieur;* 3° *et des Animaux sans pièces osseuses;* les trois seules

grandes divisions qui peut-être soient aujourd'hui admissibles dans la Zoologie.

Puisqu'ici le système solide n'appartient
ni aux nerfs, ni aux vaisseaux, il ne peut dépendre que du système musculaire. Ce sont
les muscles qui déterminent le squelette extérieur des Animaux articulés : ce sont les
muscles qui déterminent la forme , la position , la direction des diverses pièces de ce
squelette : ce sont eux qui les fracturent en
anneaux , en articles, qui les allongent en
filets , qui les contractent en masses plus ou
moins régulières. Mais ce ne sont point les
muscles qui les sécrétent ; c'est l'enveloppe
générale des diverses pièces de l'animal, ce
manteau , ce pallium charnu qui s'imbibe de
tous les liquides nourriciers exhalés au dedans. Les particules solides ainsi sécrétées se
moulent plus ou moins régulièrement sur les
faisceaux musculeux. Déjà M. Geoffroy a
prouvé pour les Animaux supérieurs que la
forme des os dépend souvent du mode d'in-
sertion et du tiraillement des muscles.

De cette opinion il semble résulter clairement que la vertèbre protectrice des nerfs
et des vaisseaux sur les Animaux supérieurs
ne doit point exister sur les Animaux arti-

culés dont les pièces osseuses n'ont plus ni
la même origine, ni la même position. D'ailleurs à quoi bon disputer sur l'identité de
cette vertèbre, dont les Sangsues n'offrent
pas le moindre vestige, et chez qui le système
musculeux est le seul organe de protection
et de locomotion.

Nul doute que ces considérations ne tendent à enlever chez les Animaux inférieurs
une très-grande partie de son importance au
système osseux, qu'elles ne rendent plus
qu'un système tout-à-fait secondaire, et
souvent nul, puisqu'il peut ne pas exister,
tandis qu'il est d'une nécessité indispensable
sur les Animaux supérieurs. Ce nouvel aperçu
pourrait aussi être rangé parmi les grandes
différences qui distinguent entre elles les
classes des Animaux. Mais s'il démontrait
d'une manière décisive que les Sangsues n'ont
point de vertèbres osseuses, quoiqu'elles possèdent les nerfs, les intestins et les muscles qui doivent en être protégés, il nous
donnerait aussi la triste conviction qu'on eut
tort de prendre pour principal point de la
division zoologique, un organe ou un système susceptible de ne pas être produit. Mais
jugeons sainement les choses. Ces mêmes

Animaux ont les mêmes divisions segmentaires que les autres, ils ont les mêmes nerfs et les mêmes muscles exerçant les mêmes fonctions; seulement ils n'offrent point de pièces solides. Leurs segmens ne sont que des vertèbres molles, formées par les nerfs, par les différens vaisseaux, par les muscles, et totalement dépourvues d'os. La tête de l'Homme nous présente une série d'organes où les nerfs et les os dominent, et d'où le système musculaire a disparu.

Du moment que les pièces solides sont élaborées sur les Animaux dont je traite, il s'agit de savoir si on peut les rapporter à l'idée ou même à la dénomination de pièces vertébrales. La suite de ce travail prouvera que les substances calcaires ou cornées des Crustacés, des Arachnides et des Insectes, constituent de véritables vertèbres. Nous les verrons même donner la composition de la vertèbre avec plus de précision et de netteté que les Animaux supérieurs. Nous concevrons mieux l'idée que nous devons attacher à ce mot, et il nous sera plus facile d'entrevoir les riches résultats qu'il engendre.

L'analyse rigoureuse de la vertèbre nous la donne toujours *composée de neuf pièces principales* sur les Animaux qui nous occupent. La pièce primitive est unique, centrale, médiane, basilaire : elle forme un point d'où partent les huit autres pièces disposées par paires ; un centre d'où ces huit autres pièces irradient sous les formes les plus diversifiées et dans les directions les plus inconstantes pour remplir les usages les plus variés, pour former elles-mêmes de nouveaux organes qui paraîtront très-compliqués, et enfin pour donner à l'ensemble ou aux diverses parties de l'Animal, cet aspect particulier, ce *visage* individuel qui le distingue au milieu des autres Animaux, et qui le spécifie d'avec les Animaux de sa famille ou de son voisinage.

Puisque ces pièces doivent nous rendre raison de l'Animal et de ses organes, il devient donc de la plus haute importance de les spécialiser nettement, de les poursuivre dans tous leurs transports ou mutations de localités, de les reconnaître derrière le rideau de toutes leurs métamorphoses. Il est d'une absolue nécessité de remonter à la vertèbre des Animaux supérieurs pour s'assurer de l'identité de celles qu'on veut étudier : on reconnaîtra cette identité à des signes certains , mais qui s'obscurciront aussitôt pour ne plus laisser après eux que des ombres épaisses. Car les Animaux en question , comparés les uns aux autres , vont différer par des caractères si brusques , si peu préparés , si peu attendus , que les intervalles qu'ils laisseront entre eux sembleront ne pouvoir être remplis ni par les résultats d'autres organisations , ni par nos suspicions intellectuelles ; tant les organes passent avec une effrayante rapidité des usages d'une fonction à ceux d'une autre fonction opposée , tant ils se masquent avec soin sous des formes sans cesse nouvelles , et souvent bizarres, et tant enfin ils disparaissent avec soudaineté sans laisser après eux le moindre vestige qui les rappelle ! Mais par un effet qui d'abord offre l'apparence du paradoxe , déterminons bien les élémens premiers de la vertèbre , et de suite toutes ces organisations si variables , si compliquées , si ténébreuses , s'expliqueront d'elles-mêmes comme par enchantement, et avec une simplicité digne des ouvrages de la seule *nature*.

A ce dernier signe , nous reconnaîtrons l'immensité des ressources de la *puissance* , qui d'une seule organisation sait exprimer

des organisations sans nombre, et qui modifie
la même molécule en mille molécules différentes, mais toujours analogues. La nature
seule est infinie dans ces sortes de combinaisons et de résultats. Jamais l'imagination de
l'Homme n'eût osé soupçonner que tant de
milliers de Mouches tournent autour de la
même Mouche primitive, ni que tant de
Charançons puissent être configurés sur le
modèle d'un Charançon unique.

I. *Basial.* Nous pouvons nous représenter
en idée un Animal qui n'aurait qu'une seule
pièce solide située sous chacune de ses divisions ; nous pouvons même nous figurer un
Animal qui ne consisterait qu'en un segment
unique, également protégé par une seule pièce
unique (et ces deux sortes d'Animaux existent).
Cette seule pièce solide serait la base, l'origine de la vertèbre osseuse : elle constitüe-
rait la vertèbre elle-même, lorsque par des
circonstances données ses pièces d'accompa-
gnement ne se développeraient point. Sur
les Animaux qui nous occupent, toujours ou
presque toujours elle est manifeste, mais
plus ou moins étendue et importante, selon
les muscles qui s'y attachent, et qui peuvent

par la direction de leurs tiraillemens lui faire affecter des formes spéciales.

C'est le corps, la pièce centrale de la vertèbre; je la nomme le *basial*.

Mais de chaque côté de sa face supérieure et de sa face inférieure, part une double paire d'autres pièces plus ou moins essentielles suivant les classes, et dont l'apparition précède celle des deux paires, que nous étudierons bientôt.

II. *Costaux*. La paire de la face supérieure représente vraiment les côtes sternales des Animaux supérieurs. Le plus souvent elle se développe sur les côtés et sur le dessus du corps de l'Animal. Son développement dans ce dernier cas occasione le rapprochement en arc, et la soudure de chaque pièce, et forme le *tergum*, ou l'arceau dorsal qui règne sur toute la longueur ou sur diverses parties de la longueur du corps. Mais cette paire peut ne point se joindre, et alors les *costaux* ne se soudent pas. Il arrive encore parfois que ces costaux, au lieu de se souder bout à bout, passent l'un au-dessus de l'autre, et se soudent par leurs bords correspondans.

Cette paire de pièces, que je nomme les

costaux, se trouve quelquefois réduite à un état presque complet d'inutilité sur les vertèbres qui ne se développent point dessus le dos du corps. Souvent aussi elles ne servent qu'à des attaches musculaires.

Leur usage principal et presque général est donc de former une cage, une paroi, une muraille au-dessus des nerfs et des organes disgestifs.

III. *Polergaux*. La seconde paire, ou la paire qui se développe sous le basial, est la pièce la plus *instrumentale* de l'Animal, c'est-à-dire celle qui le met dans les rapports les plus grands et les plus variés avec le monde extérieur; celle qui lui constitue ses organes de mastication, de préhension directe; celle qui renferme ses organes des sens, de copulation, et qui porte souvent ceux de la respiration.

Cette paire existe donc sur tous ces Animaux; mais son développement est toujours en rapport direct avec son utilité. Elle seule nous donne les degrés d'analogie, de ressemblance et d'éloignement des organes de relation dont l'existence coïncide sur nos Animaux et sur les Animaux supérieurs. Je

donne à ces deux pièces le nom de *polergaux*
(πολυσ, εργον), parce qu'elles exercent entre elles des fonctions très-différentes.

Dans la plupart des cas, chaque polergal
donne naissance aux deux autres paires de
la vertèbre.

De ces deux nouvelles paires, l'une se développe encore en haut, et l'autre en bas.

IV. *Arthroméraux*. La paire, qui se développe ordinairement en bas, a coutume de
fournir les organes de la locomotion terrestre, aquatique et aérienne, c'est-à-dire
elle se brise, se fracture en plusieurs frag-
mens qui forment ce qu'on appelle les élytres, les ailes, les nageoires, les cuisses, les
jambes, les tarses, et souvent les divers instrumens. Ces brisemens en nombre déterminé sur les individus des mêmes ordres,
varient beaucoup sur les classes comparées
entre elles. Ainsi, ceux d'une Araignée, ceux
d'une Ecrevisse ne sont pas en même nombre que ceux d'un Papillon et d'une Mouche.
Ces pièces devraient être d'une haute importance, puisqu'elles font la délectation
des Entomologistes qui, la loupe à l'œil,
passent la journée à compter leurs petits

3*

articules , sur le nombre desquels ils ne peuvent cependant demeurer d'accord.

Considérée comme organe de locomotion, cette paire est très-importante à étudier, parce qu'elle fournit une foule d'excellens caractères pour former des genres. La nature s'est complue à lui faire revêtir toutes les figures imaginables, et à la rendre propre aux usages les plus variés.

Souvent cette paire n'est plus organe de locomotion ; elle peut même servir à la préhension de la proie. Elle n'est plus qu'un organe de protection sur l'antenne de l'Ecrevisse. Enfin, elle s'atrophie jusqu'au point de ne plus faire que donner attache à des muscles. Elle peut même disparaître entièrement.

Je donne aux pièces de cette paire le nom d'*arthroméraux*.

V. *Arthrocéraux*. La paire , qui se développe ordinairement sur le dessus des polergaux, consiste encore en un double appendice articulé, qui s'étend sur le monde extérieur. Elle forme les palpes, les antennes, les balanciers, et souvent une partie des ailes. On peut d'abord la considérer comme la paire des instrumens de vigilance, de tact.

Les arthroméraux portent le corps vers un objet; les pièces actuelles le flairent, le dégustent, le palpent, le reconnaissent. Souvent leur sommet est membraneux et même perforé.

Considérée sous ces points de vue, cette paire mérite toute notre attention et toutes nos méditations. Nous ignorons l'étendue et les diverses natures de son utilité. Presque nulle, ou simple objet de luxe, rarement instrument de caresses amoureuses chez les Coléoptères, elle présente sur les Hyménoptères des facultés si surprenantes, qu'elles saisissent notre admiration et suspendent les rêves de la philosophie métaphysique.

Il est facile de concevoir à *priori*, que, sur la même vertèbre, ces pièces seront toujours développées en sens inverse des arthroméraux. Sur les Crustacés cette paire est constamment terminée par un tissu fibreux particulier, très-propre à favoriser le tact. Mais sur les vertèbres où les arthroméraux prédominent, cette paire se trouve réduite à porter des branchies ou des trachées. Dans l'égale atrophie de cette paire et des arthroméraux, ces deux sortes d'organes offrent à peu près le même aspect.

Je donne aux deux pièces de cette paire le nom d'*arthrocéraux.*

Avec ces neuf pièces primitives je formerai tous les segmens et toutes les fractions des segmens qu'on observe sur les Animaux dont je traite. L'incertitude restera rarement dans leur rigoureuse détermination, parce qu'avec des recherches on parvient toujours à l'exacte vérité, tel Animal offrant les détails qu'un autre refuse obstinément. Je ne m'en laisserai imposer, ni par les changemens d'usage et de figures, ni par les mutations de localités, ni par une foule d'apparences qui peuvent occasioner une foule d'erreurs.

Ces différentes pièces, envisagées comparativement avec celles qui forment les vertèbres des Animaux supérieurs, donnent lieu aux réflexions de la plus haute philosophie, et nous mettent peut-être à même d'espérer des notions plus justes sur l'être animal et sensible.

La pièce basilaire est restée identique, et a dû remplir les mêmes usages. Je dois en dire autant des pièces costales, qui demeurent pièces de protection et de rempart. La même fonction leur fut assignée dans les séries de l'animalité.

Mais les polergaux méritent une attention d'autant plus nécessaire, qu'on a affecté de ne les point distinguer, et qu'on a toujours été dans l'ignorance la plus absolue sur leur compte. Pourtant ils pouvaient donner la clef de bien de difficultés, et fournir d'excellens caractères zoologiques. En eux résident les vestiges des organes des sens, et plusieurs pièces très-intéressantes des Animaux supérieurs. Organes de l'ouïe et de l'odorat sur les Crustacés homobranches, ils nous décèlent dans quelle atrophie d'organisation les portions sentantes de ces deux fonctions sont déjà tombées. Sur plusieurs Animaux articulés ils peuvent encore constituer deux fortes mâchoires, qui ne tardent pas à être successivement remplacées par les polergaux des vertèbres suivantes. Bientôt l'ouïe, l'odorat et les mâchoires disparaissent totalement : à peine pourrait-on signaler les rudimens de la vertèbre auditive sur nos Scolopendres. La vertèbre olfactive elle-même sera sur les Araignées appelée à saisir la proie et à la tuer.

Ainsi s'anéantissent ces organes des sens, qui déploient des développemens si étonnans sur les Animaux supérieurs. La vertèbre de ces sens pourra rester, et même acquérir d'autres facultés; mais ce qui constituait sa partie spéciale d'organe sensible, *son ame* ne reparaîtra plus. C'est donc ici qu'il importe de bien signaler les premières différences entre les parties constituantes des vertèbres des Animaux.

Mais les Animaux que nous étudions reprennent au moins l'égalité à l'aide de leurs pièces arthromérales qui, par leurs usages et leurs brisemens, ne peuvent être comparées qu'avec les membres des Animaux supérieurs. Ces arthroméraux sont les instrumens d'exécution des Animaux inférieurs pour leurs diverses locomotions et pour leurs arts. Leur seul aspect suffit pour indiquer la demeure et les habitudes de l'Animal. En un mot, à l'exception du nombre et des parties constituantes, ils sont au chapelet ventral ce que les vrais membres sont au chapelet dorsal.

Si ces mêmes Animaux sont si inférieurs pour les organes primitifs des sens, ils nous offrent bientôt des fonctions inconnues sur les Animaux élevés, et des puissances de facultés admirables pour ce qui regarde leur jeu sur la scène du monde. Des organes de nature à nous inconnue leur procurent ces

avantages; je parle des pièces arthrocérales.
Avec elles l'animal se prépare à l'amour, il
sonde le danger, il déguste les alimens, il
reconnaît ses amis et ses ennemis. L'Ecrevisse,
qui, sur ses vertèbres olfactives et auditives,
porte la double réunion des organes sensitifs et des organes de tact, et qui a plusieurs
paires de palpes maxillaires, est un des Animaux les plus vigilans et les plus rusés.
L'arthrocéral est un organe de sens spécial
qui n'appartient qu'aux Animaux dont je
traite. J'ai déjà dit que sa composition est toujours en relation avec les services qu'il rend.

Maintenant ne pourrait-on point se demander s'il n'est pas à la fois organe de sens,
et organe de tact sur les Animaux qui ne
présentent plus aucune apparence des vraies
portions sensitives? Ces deux sortes de fonctions ne se trouveraient-elles pas ainsi confondues en une seule? Rien ne nous autorise
d'abord à émettre une semblable opinion.
Ainsi, je ne crois pas qu'un Insecte odore et
entende dans ce sens qu'il obtiendrait ces
perceptions de la même manière que nous.
L'Insecte n'a ni organe auditif, ni véritable
organe olfactif; et il serait souvent inutile
de lui en supposer les fonctions. Mais l'étude

des Animaux ne nous montre-t-elle pas sans
cesse les organes se suppléant les uns aux
autres? Ne voyons-nous point à chaque pas
les fonctions de locomotion exécutées par
des pièces qui, dans l'origine, lui paraissent
étrangères? L'immense développement d'un
organe entraîne presque toujours l'atrophie
de l'organe voisin. Cet organe exagéré devient ainsi le propriétaire, le répondant de
la fonction de son voisin; car l'exagération
dans la puissance de sa propre fonction lui
procure une étendue dont on ne le croyait
point d'abord susceptible par lui-même.

Certes, le tact est à son apogée de perfection sur les membranes si délicates, si nerveuses, qui garnissent les antennes des Hyménoptères sociaux; ou plutôt le dernier article de ces antennes est à lui seul un organe
à part, essentiellement pulpeux. Il recèle des
facultés bien supérieures à celle du tact seul,
puisqu'il est l'organe d'amitié de la Fourmi,
chez qui il semble ainsi contenir des affec-
tions morales. Je ne vois point pourquoi ce
tissu, tout d'une pulpe excessivement sensible, ne connaîtrait pas directement des
émanations des corps et des vibrations extérieures, lui qui possède comme la propriété

de l'intelligence. Je ne crois point le Carabe sensible au bruit, ni aux odeurs du dehors, mais l'organisation de ses palpes indique nettement que chez lui l'organe du goût doit pareillement être celui de l'olfaction. Qu'on examine la position des vedettes d'un nid de Frêlons; ils ne tendent hors du nid que la sommité roide de leurs antennes. On dirait que cet organe écoute et flaire à la fois. Je m'assurai souvent que ces antennes me poursuivaient dans des mouvemens divers et assez éloignés. Lorsque l'Animal entend l'ennemi s'approcher, il sort la tête pour le reconnaître avec ses larges yeux. Le moyen le plus cruel de faire périr ces Animaux est de tronquer leurs antennes. Ils semblent aussitôt avoir perdu toute leur intelligence; ils s'agitent sans conscience de leurs mouvemens ; ils tombent dans des espèces de convulsions.

A l'aide de ses antennes, la Fourmi reconnaît le chemin tenu par ses compagnes. Détruisez avec la main ou le pied la ligne des molécules laissées par ses devancières, la Fourmi a beau s'essayer avec son espèce de nez, elle se trouve entièrement déroutée.

Si cet acte n'est pas un acte d'olfaction, quel nom lui donner ? A quels signes certains reconnaitrai – je désormais cette fonction ? Chez la Fourmi, l'olfaction est d'autant plus puissante, qu'elle est devenue tout – à – fait extérieure, et qu'elle s'est jointe à une autre fonction , celle du tact, dont elle n'est qu'une des modifications. Deux fonctions réunies acquièrent plus d'énergie, et peuvent alors donner simultanément lieu à des phénomènes qu'on leur croit étrangers , et qui ne sont que leurs résultats directs.

On a voulu, par divers systèmes, expliquer l'intelligence et la puissance sensoriale des Animaux supérieurs ; il ne fallait point chercher des *cases* à la variété des résultats. Il suffisait de considérer la totalité des organes sensoriaux réunis dans une même boîte, confondant ensemble tous leurs degrés de développemens, se prêtant les uns aux autres la mutuelle influence de leur sensibilité particulière, augmentant chacun leur énergie primitive de l'énergie de la communauté ou de celle de plusieurs d'entre eux. Alors on obtient des conceptions infinies, et d'une étendue d'autant plus illimitée , que l'on peut y joindre l'énorme influence de l'éducation. Hormis les organes des vertèbres des sens, il n'y a point d'organes particuliers à l'encéphale lui-même : *il n'y a point d'organe spécial d'intelligence, car l'intelligence n'est pas une fonction spéciale.*

Mais si l'on daigne réfléchir à ce que je viens de dire sur les pièces arthrocérales des Insectes, on jugera de suite du souverain développement et de l'insigne prédominance de l'encéphale des Animaux élevés. J'ai fait concevoir que les arthrocéraux ne sont que des cerveaux isolés. Si l'on songe maintenant qu'ils sont ou doivent être représentés dans le crâne des Animaux supérieurs par les coronaux, les pariétaux, les temporaux, les occipitaux, etc., etc., on verra quelle énorme masse de petits cerveaux, ou plutôt de portions sentantes se trouvera dans cette boîte, qui déjà contient les parties primitives et très-développées des organes des sens, des organes arthroméraux et costaux; car, en Anatomie comparée, tous les faits se tiennent et dérivent les uns des autres. Un Insecte qui manque de cervelet, est tout aussi apte que le Taureau à l'œuvre de la reproduction. Mais l'absence du cervelet sur l'Insecte ne prouve point que ce même organe n'aura pas des sympathies spéciales avec les organes de la génération du Taureau.

Or, l'on n'a pas encore avancé que la sympathie fût une fonction.

Il résulte de ce court exposé, que la vertèbre d'un Animal dit articulé peut être considérée comme un organe réunissant en un seul système cinq systèmes nerveux qui ne sont que des modifications plus développées de leur nature réciproque. Les nerfs du basial et des costaux appartiennent aux fonctions nutritives et animales. Ceux des polergaux représentent les nerfs des organes de nos sens, et reçoivent les impressions du monde extérieur. Bientôt ces mêmes nerfs acquièrent plus de perfection et de nouvelles propriétés plus délicates sur les arthroméraux, qui ne sont le plus souvent que des organes de locomotion, mais qui, comme dans les pates de l'Araignée, joignent une sensibilité spéciale de tact à une grande agilité dans les mouvemens. On sait que les pates du Faucheur lui servent surtout d'organes de tact et de vigilance, malgré que ces mêmes pates ne représentent point les antennes des Insectes. C'est que l'Araignée et le Faucheur, ayant la vertèbre olfactive transformée en organe de meurtre et de préhension, le sentiment du tact est passé sur

d'autres organes développés en des proportions exagérées. Les nerfs des pièces arthromérales donnent lieu aux arts et aux
propensions instinctives des Insectes. Le plus
souvent ces pièces exécutent elles-mêmes ce
qu'elles ont pour ainsi dire pensé et voulu.
On doit les envisager *comme des organes
renfermant la faculté, l'idée de propension
contenue dans l'instrument même de l'exécution.*

Mais les pièces arthrocérales appartiennent à un système nerveux encore plus dé-
licat, plus perfectionné, susceptible même
de s'élever jusqu'aux facultés que nous nom-
mons morales et intellectuelles. Elles mettent
l'Animal directement en relation avec la nature intime des corps, et lui en donnent les notions les plus exactes; elles sont des centres qui
réfléchissent les comparaisons, les méditent.
Leur matière pulpeuse acquiert une sensibilité si exquise, que les moindres impressions agissent sur elle. En un mot, les nerfs
de ces pièces sont les nerfs *pensans*, les
nerfs *intellectuels* de ces Animaux.

Je regarde cette théorie, appuyée sur tous
les faits désirables de l'organisation, comme
la méthode la plus sûre d'expliquer les pen-

chans et les actes des différens Animaux. Je pense qu'elle seule peut nous conduire sans erreur à l'origine première des facultés; car, pour présenter de suite un résultat jusqu'à ce jour inouï et inespéré, je démontrerai sur les Animaux inférieurs toutes les pièces solides qui constituent le crâne des Animaux élevés. Je m'engage à n'en omettre aucune. On a compté sept vertèbres crâniennes formant le total de soixante-trois pièces primitives pour le crâne des Animaux élevés. Je m'engage à démontrer, d'une manière convaincante , l'existence isolée de chacune de ces pièces sur les Animaux dont je m'occupe : résultat surprenant, et néanmoins qu'on devait attendre des ouvrages de la nature ! Si l'on eût conservé des doutes sur la quantité des pièces crâniennes de l'Homme, les Crustacés, regardés comme si inférieurs , nous eussent fourni la solution exacte de ce problème. Alors on jugera de l'importance réelle de chacune de ces vertèbres. Mais déjà je puis faire concevoir que les Animaux supérieurs ont un cerveau *unique* formé par les réunions nerveuses de tous les organes des sens, tandis que les Insectes ont autant de cerveaux isolés, qu'ils ont de sens dissé-

minés à la périphérie du corps. Les Animaux
dits articulés démontrent que les vertèbres
des sens renferment des systèmes nerveux
de natures plus exquises les unes que les
autres, et qui chacun président à des opérations distinctes. Nous pouvons dès-lors soupçonner les différentes natures d'opérations
et de perceptions susceptibles d'être conte-
nues dans des boîtes crâniennes, où ces nerfs
de natures diverses acquièrent des dimensions et des facultés plus nombreuses et plus
exagérées au fur et à mesure que l'on s'approche de l'Homme. Les facultés nerveuses
des Animaux articulés se partagent le domaine avec le système musculaire, qui est
le système exécutif. Mais sur les Animaux
supérieurs, il n'y a plus de système exécutif
que pour les pièces des sens, pour les pièces
polergales. Partout ailleurs les muscles se
perdent : c'est le règne du système nerveux
que des pièces solides ont dû protéger et
recouvrir.

Ce cerveau des Animaux supérieurs est le
centre, le rendez-vous des nerfs sensitifs, qui
sont disséminés sur les Insectes; comme le
poumon des Animaux supérieurs est l'assem-
blage unique et central de toutes les respira-

tions isolées, réparties dans chaque vertèbre des Insectes.

L'Insecte porte ses cerveaux et ses instrumens sur diverses parties de son corps ; l'Homme a tous ses nerfs de propensions et de sentimens dans sa boîte crânienne ; mais ses instrumens d'exécution ont disparu pour faire place aux portions réellement pensantes de ces mêmes nerfs : aussi l'Homme est réduit à se les procurer dans le monde extérieur par des opérations spéciales.

Ainsi, d'après les pièces de leur organisation, et surtout d'après leurs actes, nous pourrons concevoir que les Animaux inférieurs combinent des idées, qu'ils ont des arts, qu'ils font l'amour, qu'ils connaissent le sentiment de la pitié, qu'ils ont un code pour vivre en république. Nous leur retrouvons toujours les organes et les facultés déjà observés sur les Animaux supérieurs. Leurs habitudes nous frapperont de moins d'étonnement : nous pourrons les analyser, les comparer avec celles des autres êtres. La saine Philosophie fera des pas immenses en reconnaissant partout le système sensitif en rapport avec le jeu des organes. Alors elle imitera la Zoologie ; elle rayera ces longs

chapitres d'idéalités où l'on entasse les argu-
mens les plus bizarres, pour prouver que
les facultés des Insectes sont d'une nature
autre que celles des Animaux élevés, et que
par conséquent ces facultés, ces penchans
doivent porter d'autres noms. La nature ne
marche que sur un plan unique ; mais elle
possède la puissance des modifications infinies. Rendons donc aux Animaux et leurs
organes et leurs facultés, toujours insépara-
bles les uns des autres.

CHAPITRE IV.

DES APPLICATIONS DE LA VERTÈBRE A LA ZOOLOGIE GÉNÉRALE.

La vertèbre, telle que je la conçois, avec son tissu nerveux, son tissu vasculaire, son tissu musculeux et son tissu osseux, peut être considérée comme le moyen le plus propre à nous diriger vers l'estimation précise du degré de perfection d'un Animal dans la série zoologique. Elle nous fournira même le mode le plus sûr d'asseoir une bonne classification. Pour bien comprendre la possibilité de ce résultat, il importe d'abord de préciser nettement les cinq systèmes nerveux qui la composent ; systèmes qui ne sont que des perfections graduelles les uns des autres, et qui deviennent plus importans à mesure qu'ils s'éloignent davantage de leur origine centrale.

Ainsi la portion centrale ou basilaire n'est originairement que le premier point dans lequel la vie commence à ébaucher l'organisation : c'est la vie vraiment *animale* ou *automatique* de l'être; celle qui fait qu'il existe. Alors l'Animal ne peut plus vivre que dans un liquide, parce que ses premiers élémens n'engendrent qu'une texture de tissu molle et délicate. C'est cette vie spéciale qui préside au premier développement du germe, et à cette sensibilité latente, inhérente à l'essence même de la molécule organisée. L'être réduit à cette seule vie ne s'entretient qu'à l'aide de l'absorption ou de l'imbibition par la périphérie de tout son corps. Chaque molécule de cet Animal est un être en tout analogue à cet Animal lui-même.

Mais cette Monadaire ne tarde point à se mettre en rapport avec le monde extérieur par une fonction qui désormais sera constante, par la fonction d'un tube alimentaire qui s'ouvre à l'une de ses extrémités, pour recevoir les corps destinés à l'élaboration et à la nutrition. L'Animal jouit alors de la vie d'assimilation ou de nutrition, dans ce sens qu'il commence à agir sur l'aliment avec le secours d'un organe spécial, qu'il peut même

détacher de ses parois une foule de tenta-
cules, de bras, qui iront chercher la proie.
La portion nerveuse costale de la vertèbre
préside à cette nouvelle vie. Elle constitue
la classe des Animaux polypiers, qui, dans
l'état de société, sécrètent déjà la partie
osseuse et protectrice de cette même portion.
Ainsi l'enveloppe calcaire de ces Animaux
représente les pièces solides que je nomme
costaux. Ces Animaux ne possèdent pas encore d'organes copulateurs. Leurs diverses
parties disjointes et séparées peuvent encore
reproduire les élémens primitifs : mais déjà
la vie se concentre dans une foule de *gemmes*
libres ou logés au sein d'un ovaire.

Bientôt la portion polergale vient s'ajouter
à la portion basilaire et à la portion costale :
le vie de relation a lieu. L'Animal se met en
rapport avec les objets du dehors par des
organes sensitifs, qui recevront des modifications différentes, selon les divers modes
d'actions de ces mêmes corps. L'air extérieur
à respirer est le premier agent qui nécessite
le développement d'un nouvel organe. Un
autre organe s'accroîtra peu à peu pour
mettre les chairs animales dans un contact
médiat, et pour assurer la perpétuité de

l'espèce. Un organe sera sensible à la lumière, un autre aux émanations moléculaires : celui-ci dégustera ; celui-là sera chargé d'écouter ; d'autres formeront des instrumens pour la mastication et le broiement de l'aliment. Cette vie de relation amène des résultats très-nombreux, très-compliqués, et sur la nature réelle desquels nous nous sommes souvent trompés, en les confondant avec l'intelligence. Envisagée dans la seule étendue du cercle jusqu'ici tracé, cette vie préside à l'existence de plusieurs classes et familles d'Animaux.

L'Animal n'a encore guère reçu que l'action des corps extérieurs sur ses divers organes ; il va maintenant augmenter le rayon de ses facultés et de son activité individuelle ; il va lui-même s'élancer à la rencontre des corps ; des organes des sens lui feront soupçonner et voir l'aliment : les portions arthro-mérales de la vertèbre le porteront vers cet aliment. Alors apparaissent les membres, les pates, les ailes, les nageoires et une foule d'instrumens d'attaque et de défense, ainsi que ceux des arts. Il est essentiel de noter que cette nouvelle portion vertébrale est originairement destinée au toucher et au tact, qui peuvent alors se trouver très-développés comme sur les Araignées, les Simulies, les Tipules, etc.

Cette *vie de locomotion*, exercée par la portion arthromérale de la vertèbre, se perfectionne presque aussitôt par le secours de la *vie sensitive*, de cette vie qui tend à accroître indéfiniment les relations de l'individu, qui donne naissance aux phénomènes les plus compliqués, les plus admirables ; qui va jusqu'à produire les sentimens moraux et les perceptions de l'idée.

Il importe beaucoup de signaler sa première apparition, afin de ne pas se laisser induire en erreur par des faits qui ne tarderaient point à nous en imposer. Cette vie s'opère à l'aide des pièces arthrocérales ; elle commence à s'annoncer dans les antennes et les palpes des Animaux inférieurs, pour se concentrer ensuite en un vaste organe unique, qui se développe peu à peu aux dépens des autres portions de la vertèbre, et qui finit par produire l'encéphale humain contenu dans une boîte osseuse L'encéphale est la matière sensitive par excellence.

Dans le cercle de ces diverses attributions des parties constituantes de la vertèbre, nous verrons presque toujours ces mêmes parties se développer en raison inverse les unes des autres. C'est ce qui donne lieu à la prédominance de certaines fonctions sur les autres : c'est ce qui établit la différence d'un Animal à un autre Animal.

CHAPITRE V.

CONSIDÉRATIONS GÉNÉRALES ET PARTICULIÈRES SUR LA NATURE DE CE TRAVAIL.

LES considérations énoncées dans les chapitres précédens, ont déjà dû faire prévoir que les plus grandes modifications deviennent nécessaires dans notre manière d'envisager l'Animal. Avoir prononcé que les Animaux *articulés* sont tous vertébrés, c'est avoir mis leur science dans un cercle nouveau; c'est annoncer que cette section de la Zoologie va marcher dans une autre direction. Tout va nous apparaître sous des aspects différens. Il a suffi d'avoir reconnu la *vertèbre*, pour que ces Animaux se montrent tout-à-coup avec des organisations nouvelles, et avec des droits incontestables à de nouvelles études, qui ne les sépareront point *des êtres qu'on leur croyait infiniment supérieurs*.

Mais , quoi qu'il advienne , n'attribuons notre long aveuglement qu'à l'orgueil de nos divers préjugés , qui nous avaient fait déraisonner au point de nier les organes des sens sur les Crustacés.

Maintenant nous nous ferons une idée plus juste de la marche graduée de la nature dans la production des Animaux , qui se tiendront tous les uns aux autres par une chaîne que de grands vides n'interrompront plus. Les Crustacés, reconnus vertébrés sur tous les points de leur organisation , ne seront plus traités *d'Animaux inférieurs*, lorsque nous les comparerons avec les Poissons et les Reptiles. En même temps nous trouverons des distances immenses entre eux et d'autres êtres qu'on affectait de faire marcher sur la même ligne. Nous définirons l'Araignée ; nous saurons remonter à l'origine des ailes des Insectes.

Le premier résultat de cette méthode sera donc de renverser nos théories actuelles, sous le rapport des *caractères* et des *définitions*. Il ne fallait que jeter un simple coup-d'œil sur elles, pour s'assurer de leur confusion et de leur désordre. Je ne fais ici le procès à aucun Naturaliste : tous ont mérité de la science ; mais aucun n'eut peut-être le courage moral de n'oser envisager que la vérité ; tant la force des préjugés a d'influence sur nos recherches les plus sérieuses ! tant nous redoutons souvent de paraître nous élever au-dessus des autres ! Comme si la lumière de la vérité n'était pas toujours préférable aux ténèbres de l'erreur.

Eh bien ! *tous les Animaux* dont je traite en ce travail, *sont formés sur le type d'un même Animal. Ils sont tous identiques ; ils ne diffèrent entre eux que par le nombre et la nature de leurs vertèbres.* Ajoutez vingt-deux vertèbres à une Araignée, vous aurez une Ecrevisse ; ajoutez seulement huit vertèbres à cette Araignée, elle vous donnera un Insecte.

Il devient donc nécessaire de reconnaître et de déterminer rigoureusement *le nombre* et *la nature* de ces vertèbres, puisque la classification zoologique en tirera sa base fondamentale, son grand point d'appui.

Mais quel subit renversement dans nos idées ?

On n'accorde point de vertèbres à ces Animaux, et je déclare qu'il faut partir de l'étude de ces vertèbres pour les distinguer entre eux et leur assigner leur véritable place !

Pourtant rien n'est plus simple, plus facile et plus naturel que cette dernière méthode.

Quel bandeau fut donc jusqu'à présent devant nos yeux ? Que dira la postérité qui commencera bientôt pour nous ?

Les préjugés de toute espèce formaient le bandeau. Puisse seulement l'exemple de leurs ancêtres prouver à nos descendans que la *nature seule est toujours vraie*, et qu'il n'y a rien de plus caduc et de plus mensonger que ce que nous appelons si fastueusement la *sagesse* de nos philosophes !

Je sais quelles récriminations les naturalistes eux-mêmes vont élever contre moi. Vaines clameurs ! *J'ai vu ce que j'avance, ce que je décris.* La nature ne changera point le cours de ses lois pour me donner un démenti.

« Mais, s'écrieront les Psycologistes, vous sortez des limites de l'Anatomie, vous vous élancez jusque dans les régions intellectuelles... Vous n'êtes plus juge compétent... Accorder l'intelligence à une Fourmi ! et faire dépendre cette intelligence de la perfection de certains organes !.. »

(62)

Messieurs, ne vous emportez point; ce vous serait peine superflue. Ce n'est pas ma faute si la Fourmi voit avec ses yeux, si elle vole avec ses ailes. Est-ce moi qui mit dans ses entrailles les sentimens si pénibles pour elle de la maternité? Est-ce moi qui lui ordonnai de vivre en république? Jamais je ne lui ai dit : « Tu reconnaîtras tes amis; tu soigneras tes compagnes blessées. » Et pourtant la Fourmi exécute ces merveilleuses choses [1].

Mais si je prive cette Fourmi de la vue en lui crevant les yeux ; si l'ablation de ses appendices locomoteurs l'empêche de vaquer à ses devoirs; si enfin la section des

---

[1] *Vade ad Formicam, ó piger!* s'était écrié Salomon. L'Entomologie moderne a nié que la Fourmi fît des provisions hyémales. Mais, selon la remarque de M. Lepelletier de Saint-Fargeau, il faut aujourd'hui reconnaître la vérité du précepte de Salomon. L'Abeille fait des magasins de miel pour se nourrir aux premiers beaux jours du printemps. La Fourmi, qui demande une nourriture plus solide, recueille des grains de céréales dont elle mangera la fécule à une époque où elle ne trouverait pas d'autres alimens, et où elle aurait peine à voyager. Les mois de pluies continuelles ont dû nécessiter ces approvisionnemens d'une manière plus marquée pour les Fourmis des contrées chaudes.

antennes la jette dans le délire, que voulez-
vous que je dise contre ces faits, qui doivent
nous interdire jusqu'à l'idée du raisonne-
ment, pour ne plus laisser de place qu'à
l'admiration ?

Certes, ce n'est pas moi qui ai donné ses
yeux, ses pates, ses antennes à la Fourmi.

O hommes, raisonnez ou déraisonnez tant
qu'il vous plaira. *L'organisation fait d'abord
tout l'Animal.*

*C'est donc dans l'Animal lui-même qu'il
faut chercher l'explication de l'Animal.*

Si, malgré des travaux acharnés, nous
nous sommes si long-temps et si cruellement
trompés sur le physique extérieur de ces
Animaux, sur leurs aperçus les plus grossiers, pardonnez-nous de ne faire encore
que soupçonner le but et le jeu d'organisations plus secrètes, et qui semblent devoir
pour jamais se soustraire à mes recherches.
Un jour ces choses seront aussi expliquées.
L'on sera étonné de leur excessive simplicité,
comme aujourd'hui l'on sera surpris de l'excessive simplicité qui règne dans les organisations extérieures dont je m'occupe.

Aujourd'hui je ne vous demande que les
vertèbres du Homard, demain vous m'ac-

corderez l'intelligence de ces Abeilles qui savent se créer une reine.

Avant notre siècle, et même dans notre siècle, on a presque toujours fait l'Histoire Naturelle avec des raisonnemens. N'oublions pas que les temps sont changés. Faisons d'abord l'Histoire Naturelle avec conscience et probité : nous raisonnerons ensuite.

J'aurais pu taire ces tristes réflexions. Mais j'ai pensé les devoir à mes principes, et surtout à la vérité, quoique je puisse et que je doive tomber dans de fréquentes erreurs.

CHAPITRE VI.

SUR LES VERTÈBRES SENSORIALES.

J'ai annoncé que les Animaux *articulés* ont les organes des sens non dépendans d'un système cérébral, mais toujours constitués par des vertèbres. J'ai également annoncé que ces organes des sens tendent sans cesse à s'anéantir davantage. Je dois ici entrer dans quelques considérations sur leurs vertèbres.

Je vais encore parcourir cette nouvelle carrière avec un style clair, ferme et rapide, tel que l'exige la gravité des résultats qui ne manqueront point d'en découler. Ces résultats exciteront d'abord la surprise, ensuite la méfiance. Mais leur examen approfondi finira par faire passer dans les esprits la conviction qui me guide dans ce travail, et qui fut des années entières à s'enraciner dans mon propre esprit.

5

Des sept vertèbres que M. Geoffroy a reconnu entrer dans la composition du crâne des Animaux dits supérieurs, six appartiennent aux organes des sens; *le crâne*, ainsi que j'espère le démontrer, *n'est formé que par des vertèbres des sens.*

La Physiologie ne reconnait que l'existence de cinq sens : l'Anatomie, certaine des régions de quatre d'entre eux, n'a pas encore prononcé, d'une manière définitive, sur l'origine de celui du goût; et elle ne regarde le toucher que comme un sens général. L'étude des Animaux articulés devait étendre le cadre des organes des sens.

Je définis un organe de sens comme étant un organe qui met l'Animal en rapport avec les objets du dehors, à l'aide des impressions que ces objets lui portent directement.

Cette définition m'oblige de reconnaitre *l'existence physiologique et anatomique de six organes des sens.*

1°. L'organe qui perçoit les molécules lumineuses.

2". L'organe qui perçoit les molécules odorantes échappées des corps.

3". L'organe qui perçoit les vibrations sonores imprimées à l'air.

4°. L'organe qui perçoit directement la nature chimique des molécules alimentaires.

5°. L'organe qui met l'Animal en rapport avec un autre Animal, à l'aide d'un son déterminé.

6°. L'organe qui met l'Animal supérieur en rapport avec les objets du dehors, à l'aide d'instrumens de locomotion qui, par la perfection, deviennent organes de tact ou de toucher.

De-là les six vertèbres de *la vue*, de *l'olfaction*, de *l'audition*, du *goût*, du *bruissement* et de *la motilité :* ou les six vertèbres *optique*, *olfactive*, *auditive*, *gustale*, *sonore* et *motile.*

J'ai avancé que ces sens sont constitués par les portions nerveuses polergales de leur vertèbre particulière.

Ainsi c'est la portion polergale de la vertèbre optique qui forme l'œil.

C'est la portion polergale de la vertèbre olfactive qui forme l'organe de l'olfaction.

C'est la portion polergale de la vertèbre auditive qui forme l'organe de l'audition.

Ce sont les nerfs polergaux de la vertèbre *gustale* qui se disséminent dans le palais et sur la langue.

C'est la portion polergale de la vertèbre sonore qui gagne le larynx et y produit les diverses sortes de voix.

C'est la portion polergale de la vertèbre motile qui préside aux mouvemens des membres sur les Animaux supérieurs.

On devra sans cesse se rappeler que cette portion polergale de chaque sens est plus ou moins développée et constante sur les Animaux supérieurs, tandis que, sur les Animaux inférieurs, elle pourra presqu'entièrement disparaître, les autres portions de la même vertèbre étant appelées à d'autres usages qu'à celui de concourir au grossissement de l'encéphale et à la circonférence de la boîte crânienne.

Il est de la dernière importance de bien saisir ce facile exposé, si l'on veut me comprendre, et surtout si l'on cherche à acquérir des idées précises sur l'origine première des sens, et sur les modifications étonnantes que leurs organes subiront. Il est indispensable de bien reconnaître toutes ces modifications, si l'on veut se rendre compte des diverses organisations de l'être Animal.

En admettant provisoirement le tableau des six sens, tel que je viens de le pré-

senter, la *vertèbre cérébrale* de M. Geoffroy
sera ma vertèbre gustale ; sa *vertèbre qua-
drijumale* sera ma vertèbre sonore; et sa
vertèbre cérébelleuse sera ma vertèbre motile.

On reconnaîtra bientôt la nécessité d'admettre ces six organes des sens avec leur
nouvelle nomenclature.

Chez l'Homme, ces six organes des sens
se réunissent pour former l'encéphale et le
sphéroïde crânien.

Chez les Oiseaux, les Reptiles, et surtout
les Poissons, l'encéphale diminue de volume,
et plusieurs des pièces solides de notre crâne
sont déjà appelées à d'autres fonctions. Les
vertèbres motiles, sonores et gustales, restent
constantes.

Chez les Crustacés les plus composés, la
boîte crânienne n'existe plus comme domicile spécial des organes des sens. On n'observe
plus que trois sens positifs : la vue, l'ouïe et
l'odorat. L'ouïe ne tarde point à disparaître ;
sa vertèbre n'est plus que rudimentaire sur les
Scolopendres. Egalement la vertèbre olfactive n'exerce pas long-temps sa propriété
sensoriale : presque toujours elle se change
en organe de tact, de vigilance. C'est alors
sa portion polycérale qui se développe.

L'Ecrevisse offre la coïncidence de l'existence des diverses pièces composantes de ces deux vertèbres. Sur les Arachnides, la vertèbre olfactive sert à saisir et à tuer la proie.

Chacun de ces organes est donc appelé à agir isolément : chacune de leurs vertèbres s'est développée isolément. Rien n'est plus facile que de disjoindre ces vertèbres sur l'Ecrevisse, le Homard.

L'œil est l'organe le plus permanent; je pense, quoiqu'il devienne très-obscur, qu'on peut toujours le signaler sur les Animaux *articulés*.

Mais les *Crustacés homobranches* possèdent les trois autres vertèbres sensoriales, la gustale, la sonore et la motile.

Elles se sont étendues sur le dos de l'Animal; elles y forment un large toit, une tente, désignée sous le nom de test ou de caparace. Le *Galathœa lœvis*, Fab., et le *Thalassina scorpionides*, Lam., ne laissent aucun doute à cet égard. Sur ces Animaux, on constate l'existence de ces trois vertèbres, composées chacune de neuf pièces distinctes et solides, donnant un total de vingt-sept pièces pour la carapace.

Ici ces trois vertèbres sont devenues ins--

trumens de protection de l'appareil respiratoire. Elles se sont élargies, étendues et soudées par leurs bords. Sur la Thalassine, il est
évident que ce sont les pièces polergales qui
ont acquis le plus de développement.

Mais la scène ne tarde point à changer et à
donner des résultats aussi positifs que difficiles
à soupçonner. La Squille commence une longue série d'Animaux très-importans à connaître. Sa carapace n'est plus formée comme
sur les Crustacés homobranches. La vertèbre
gustale se développe en bas sur les côtés, et
vient former la majeure partie de la bouche.
La vertèbre sonore occupe ensuite la plus
grande partie du test, tandis que la vertèbre
motile est restée rudimentaire. Il en résulte
que la *vertèbre gustale* est ici dans sa véritable fonction.

Ces Animaux nous conduisent directement
aux Erichts, qui ont la *vertèbre motile* prédominante, et aux Phyllosômes sur qui la
vertèbre gustale forme un si large test. Les
vertèbres buccales disparaissent sur ces genres; il ne reste que quelques vertèbres post-
buccales. Les vertèbres abdominales se développent en formant aussi une sorte d'arrière-test.

La disparition des organes marche avec une rapidité étonnante. Les Polyphèmes n'ont plus les trois vertèbres sensoriales antérieures sous les mêmes conditions. La vertèbre optique est devenue ce vaste test antérieur qui s'avance jusque sur le milieu du corps, pendant que la vertèbre auditive, rejetée en arrière, se soude avec les vertèbres dorsales, et que la vertèbre olfactive, ramenée contre la bouche, fait office de palpes et de pinces. Vertèbre labiale, vertèbre maxillaire, vertèbres sensoriales postérieures, vertèbres buccales, vertèbres postbuccales, tout a disparu. Les pièces polergales des vertèbres abdominales font office de mandibules. Les vertèbres dorsales se sont soudées, élargies, et forment un arrière-test.

C'est la vertèbre auditive qui fait la majeure partie du test des Limules.

Si je suivais la décroissance graduelle des êtres rapportés aux Crustacés, j'arriverais à des résultats encore plus singuliers : sur les Cypris, je parviendrais peut-être à montrer l'Animal renfermé dans sa double valve, formée par sa vertèbre optique et sa vertèbre gustale, et n'ayant plus que deux vertèbres locomotrices. Mais mon travail ne doit pas dépasser certaines limites.

Les trois vertèbres sensoriales postérieures sont totalement anéanties sur les Arachnides, les Myriapodes, etc.

Mais elles reprennent une importance majeure sur la classe des Insectes; elles fournissent les organes de la locomotion aérienne. La *vertèbre gustale*, qui souvent n'existe pas et qu'on a niée avec opiniâtreté, forme la majeure partie du prothorax des Criquets, des Sauterelles; elle est rudimentaire sur les autres ordres. Elle forme la portion mobile du genre Acrocinus chez les Coléoptères ; elle produit par ses arthroméraux les singuliers développemens qu'on remarque sur le prothorax de plusieurs mâles des Scarabéïdes. L'appendice mobile que je viens (*Mémoir. de la Société d'Hist. Natur.*) de signaler sur le prothorax d'un genre de Culicides, appartient à cette vertèbre, qui donne aussi lieu à plusieurs pièces rudimentaires que je viens également de reconnaître sur le prothorax des Lépidoptères.

La *vertèbre sonore* forme tout ce qu'on appelle les premières ailes sur les Insectes.

La *vertèbre motile* donne lieu aux ailes

postérieures des mêmes Insectes, et aux balanciers des Diptères.

Ces trois vertèbres sont implantées et soudées sur trois vertèbres locomotrices correspondantes. Elles forment le dos du corselet de l'Animal. Ordinairement elles ont leurs trachées à part, c'est-à-dire s'ouvrant à l'extérieur chacune par un stigmate spécial. Souvent les deux trachées de ces vertèbres n'ont qu'un stigmate commun : presque toujours le prothorax doit avoir un stigmate unique.

Un fait qu'on ne saurait trop admirer, c'est que, sur les Insectes, ces trois vertèbres, sous le nom d'ailes, portent encore l'empreinte manifeste et souvent plus développée de leur fonction polergale. Ainsi les Diptères, à qui on ne saurait refuser des races bruissantes et même musiciennes, ne peuvent exécuter leur bourdonnement qu'à l'aide de cette vertèbre. Les Cigales, malgré les apparences, exécutent réellement leur stridulation avec les arthrocéraux du mésothorax, qui se sont prolongés jusque sur l'abdomen. Ici la vertèbre rappelle la fonction primitive, et la fonction rappelle la vertèbre primitive. Mais un autre fait plus étonnant s'observe sur les Diptères. Une des plus belles découvertes de la Physiologie actuelle tend à prouver que le cervelet des Animaux supérieurs préside aux mouvemens locomoteurs. Eh bien! détruisez les balanciers d'un Diptère, il lui devient aussitôt impossible de se diriger dans son vol, et même de voler.

Ainsi se tiennent toutes les opérations de la nature : elles doivent toutes s'expliquer les unes par les autres. Certes, on ne se serait jamais attendu que le balancier d'une Mouche fût susceptible de prouver un des points les plus élevés de l'Anatomie et de la Physiologie réunies.

Mais ces résultats appartiennent à une Philosophie tellement transcendante, que je crains de n'être point compris pour le moment.

CHAPITRE VII.

CRUSTACÉS. Linn., Fabr., Cuv., Latr.

Sous le nom de Crustacés, la science comprend aujourd'hui un nombre considérable d'Animaux qui, pour avoir entre eux des analogies plus ou moins directes, doivent cependant former plusieurs classes, parce que les organisations présentent des différences extrêmes.

On verra, par l'exposé de ma méthode, si le Homard, qui fait la suite directe des Poissons, peut rester dans la même classe que les Cypris et autres Animaux encore moins composés. On jugera si des Animaux qui, comme les Idotées, n'ont plus de vertèbres sensoriales postérieures, ni de vertèbres buccales, doivent être confondus avec les véritables Crustacés.

Sans doute il est beau, il est avantageux d'avoir des classes qui renferment un très-grand nombre d'Animaux : nos classifications en acquièrent plus d'étendue et plus de simplicité : mais il faut d'abord que les êtres compris dans ces mêmes classes puissent réellement en faire partie. C'est ce que la seule observation peut nous démontrer.

Dès-lors il m'est permis de dire que la Science est peu avancée sous ce dernier point de vue.

Nous n'avons pas établi assez de classes ; nous avons trop généralisé. Aujourd'hui la difficulté est de remédier à cet inconvénient ; mais je pense que nous ne possédons pas encore assez de matériaux pour nous flatter de composer un cadre complet.

Les nouvelles classes que je propose ont pu me paraître utiles et même nécessaires. Mais je puis fort bien n'avoir pas encore atteint le but désiré. D'autres feront mieux.

Je le répète, *il faut absolumen changer la méthode actuelle de classificaton.*

I. LES CRUSTACÉS. R. D. (Classe.)

Crustacea.

Crustacés homobranches. Latr., Lam.

Tous les Animaux de cette division sont constitués d'après le même mode; mais ils offrent entre eux des différences notables.

1°. Ils forment la suite naturelle des Poissons par leur double circulation, qui demeure constante.

2°. Ils ont toujours 37 vertèbres : *une coccygienne ; six dorsales ; six sensoriales ; sept buccales, cinq post-buccales ; cinq de locomotion ; cinq abdominales ; une natatoire ; une anale.*

3°. Leurs trois vertèbres sensoriales postérieures forment toujours un test.

4°. Leurs trois vertèbres sensoriales antérieures sont toujours distinctes et appendiculées.

5°. Leurs sept vertèbres buccales existent toujours.

6°. Toujours les cinq vertèbres post-
buccales existent, et sont plus ou moins
propres à la préhension.

7°. Toujours les branchies sont attachées aux arthroméraux des vertèbres
locomotives et des vertèbres post-buccales.

La réunion imposante de ces caractères
essentiels m'engage à former une classe spéciale de ces Animaux.

Ils forment pour moi la classe des *Crustacés*,
et viennent à la suite des Poissons.

Le développement plus ou moins prononcé de la partie postérieure de l'abdomen
les fit diviser en *Crustacés Macroures* et en
Crustacés Brachyures, à l'époque où cette
portion de l'abdomen portait le nom de
Queue.

En suivant à peu près la même marche,
on pourrait aujourd'hui les nommer, 1° *Crustacés gastronectes*, 2° *Crustacés latérigrades*.

A. Crustacés gastronectes. *C. gastronectia.*

Il importe beaucoup de bien étudier ces Animaux, si l'on veut arriver à la détermination rigoureuse des Crustacés latérigrades.

Le nom de *Crustacés gastronectes* provient du développement de leurs vertèbres abdominales, qui forment un organe propre à la natation. Leur grand développement musculaire fait que l'Animal a le singulier privilége de la *progression* en arrière, dans ce sens que la locomotion est ici exercée par un organe particulier.

La vertèbre coccygienne et les vertèbres dorsales sont en général disposées d'après un plan uniforme, c'est-à-dire que le basial est postérieur et plus ou moins transversal. Les costaux lui sont supérieurs et latéraux, et forment la majeure partie du dos de la vertèbre. Les polergaux, déjetés sur les côtés des costaux, donnent naissance en bas aux arthroméraux, et en haut aux arthrocéraux. L'*Astacus Norwegicus* (Fabr.) peut être cité comme exemple : plusieurs Scyllares et quelques Galathées permettent de constater cette organisation.

En général, ces pièces, et surtout les arthroméraux et arthrocéraux, sont exacte-
ment soudées ensemble, et il devient souvent très-difficile de les distinguer. Les usages
musculaires de cette portion de l'abdomen ont
nécessité ce fait. Quoi qu'il en soit, ces Animaux prouvent très-bien cette organisation.

Le test est formé par les trois vertèbres
sensoriales postérieures. Le *Thalassina scorpionides* (Latr.) prouve ce fait sans réplique (fig. 2). Sur ce genre, chaque
pièce polergale conserve encore les cils et les
dents qu'elle aurait, si elle appartenait à
un des appendices locomoteurs. Le *Galathœa lœvis* (Fabr.), surtout au jeune âge
(fig. 1-1 bis), laisse compter les vingt-
sept pièces de ces trois vertèbres, dont la
vertèbre motile est la moins développée. La
vertèbre *sonore* est la plus considérable du
test des Crustacés gastronectes, ainsi qu'on
peut s'en assurer sur le *Thalassina scorpionides*. La vertèbre gustative est aussi assez
développée, et le *Galathœa lœvis*, au jeune
âge, montre que les arthroméraux forment
la saillie avancée qui s'observe entre les yeux.

Ces trois vertèbres, qui peuvent se distinguer jusqu'à un certain point sur les Scyl-

lares, finissent par ne plus se laisser analyser sur plusieurs genres.

Les trois vertèbres sensoriales antérieures forment constamment la partie antérieure du corps; elles sont bien détachées, et forment des appendices plus ou moins allongés. Presque toujours la *vertèbre auditive* est prédominante : son basial et ses costaux soudés forment la pièce triangulaire située en devant de la bouche. Sur les Scyllares, ces antennes auditives élargissent les pièces, et les arthroméraux ainsi que les arthrocéraux se changent en lames ou en palettes vers leurs sommets.

Les polergaux olfactifs et auditifs prennent dans cette série le plus grand développement qu'on leur signale chez les Crustacés. On distingue facilement le tympan décrit par Scarpa ; et j'ai démontré qu'il n'est pas toujours difficile de pénétrer dans les narines. L'ethmoïde ni le tympan ne sont pas développés en raison de la grosseur de l'Animal.

La *bouche* ne montre à l'extérieur que la *vertèbre labiale* et la *vertèbre maxillaire*. Plus loin je décris les cinq vertèbres intérieures que, le premier, j'ai comptées et reconnues dans la bouche de la Langouste , qui permet même de distinguer chacune des différentes pièces dont elles sont composées.

La vertèbre *labiale*, plus ou moins développée, est située au bord antérieur de la bouche. Son basial et ses costaux sont ordinairement distincts. Mais ses autres pièces plongent dans la bouche, deviennent plus ou moins membraneuses, et se confondent de telle manière qu'on ne peut plus les distinguer.

La vertèbre *maxillaire* (les *mandibules* des auteurs) forme deux grosses pièces dentiformes sur les côtés de la bouche (fig. 8). Ces deux pièces ont chacune leur arthrocéral développé sous le nom de *Palpe*, tandis que leur arthroméral plus aplati est vers la racine postérieure de la dent, et se développe un peu sous la carapace. Le basial est antérieur et soudé au basial auditif. Les costaux sont deux tiges cylindriques qui, dans l'intérieur du corps, se portent à la carapace.

Les *cinq vertèbres post-buccales*, dont les pièces s'aplatissent et deviennent surtout organes de respiration vers la bouche, offrent leurs arthroméraux postérieurs assez développés pour servir à la préhension : ils peuvent même se garnir de petites dentelures. Leurs arthrocéraux surtout sont branchifères : à peine existe-t-il quelques débris des costaux.

Les *cinq vertèbres locomotrices* sont les vertèbres ventrales les plus développées. Leurs arthroméraux forment les organes appendiculaires, qu'on a faussement nommés *les pates.* Leurs arthrocéraux donnent attache à plusieurs paquets de branchies. Leurs costaux forment la partie supérieure des parois latérales de cette partie de l'abdomen. Enfin le basial, très-large chez les Langoustes, se développe à l'intérieur pour l'attache des muscles de la locomotion.

Les vertèbres abdominales correspondent aux vertèbres dorsales qui les recouvrent. Le basial et les costaux, ordinairement confondus, se soudent par leurs bords latéraux avec les bords correspondans des vertèbres dorsales. Les polergaux donnent naissance aux arthroméraux et aux arthrocéraux sur les vertèbres qui ne servent point à la copulation.

La *vertèbre natatoire* est très-développée. Les arthroméraux et les arthrocéraux forment de larges lames propres à frapper et à fendre l'eau.

On ne peut sur les plus grosses espèces

que signaler quelques vestiges de la *vertèbre
anale*.

Ces détails sont propres aux Crustacés
Astaciens; mais les Paguriens, avec leurs
habitudes singulières, nous offrent de grandes modifications. Ils vivent dans des co-
quilles univalves abandonnées de leur Animal. Dès-lors cette coquille leur forme un
rempart extérieur, une carapace. Il en résulte que les vertèbres n'ont pas besoin
d'élaborer de sécrétion osseuse. La plupart
de ces vertèbres restent nues et à l'état membraneux, en même temps que son singulier
domicile a forcé l'Animal de se contourner,
de telle sorte qu'un côté de son abdomen est
plus développé que l'autre.

Mais plusieurs de ces Paguriens, tels que
les Birgus, vivent totalement à l'air extérieur :
leur portion osseuse est alors un peu plus
développée. Mais ce qui frappe davantage
sur eux , c'est le boursoufflement et les
interstices ou cellules aériennes qu'offre
la portion polergale de la vertèbre motile.

Ces Animaux par les Grapses conduisent
directement à l'explication des Crustacés
latérigrades.

Les Crustacés que je nomme *Rémipèdes* ,

font la suite naturelle aux Astaciens : ils conduisent aux Paguriens par la prédominance de leur vertèbre motile. Leur test commence à envelopper tout le corps, et il peut paraître formé d'une seule pièce.

B. CRUSTACÉS LATÉRIGRADES. *C. laterigradentia.*

Ces Crustacés, comparés aux Crustacés gastronectes, en diffèrent beaucoup par l'aspect carré, triangulaire, et même tout-à-fait transverse de leur corps, par le peu de développement de leurs trois vertèbres sensoriales antérieures, par un développement plus considérable des vertèbres de la locomotion, dont les muscles se sont placés transversalement; d'où résulte la singulière disposition des trois vertèbres sensoriales postérieures. La portion postérieure de l'abdomen a cessé les fonctions exercées sur les Crustacés gastronectes ; ses vertèbres ne sont plus que rudimentaires et repliées sous les vertèbres locomotrices. Si les Crustacés gastronectes sont puissans par les muscles de la partie postérieure de l'abdomen, ceux-ci sont puissans par le système musculaire des vertèbres de la locomotion. Par cette même raison les trois vertèbres sensoriales antérieures ont été sacrifiées au développement des trois vertèbres sensoriales postérieures.

En effet, les trois vertèbres sensoriales antérieures s'atténuent au point qu'il devient très-difficile de distinguer leurs diverses pièces. J'en dois dire presque autant des vertèbres post-buccales, qui sont venues se poster devant la bouche, et dont le jeu est essentiel à la respiration.

Mais les vertèbres de la locomotion, surtout la première, ont acquis une exagération qui, n'étant plus contrebalancée par l'action des parties antérieures et postérieures, a forcé le corps de se développer en travers.

Alors les trois vertèbres destinées à former le test, se sont étendues sur ces vertèbres locomotrices transversales, se sont configurées sur elles, et ont donné lieu aux divers aspects souvent si singuliers de ces Animaux.

En général, ce sont les pièces polergales de ces vertèbres sensoriales qui forment les bords du pourtour du test.

Chacune de ces vertèbres, suivant les races, est appelée à prédominer à son tour, ainsi que je l'expose sur le tableau ci-joint.

(*Voir le tableau.*)

		Un vaiss{	Respirati{	
MYRIAPODES.	*Id.*	*Id.*		Nombre indéterminé de vertébres.
JULACÉS.	*Id.*	*Id.*		Quatorze à quinze vertèbres.
THYSANOURES.	*Id.*	*Id.*		
LÉPIDOPTÈRES.				
HYMÉNOPTÈRES.				
DIPTÈRES.				

fférent de l'insecte parfait.

TABLEAU SYNOPTIQUE DES ANIMAUX ARTICULÉS,

D'APRÈS LEUR RESPIRATION, LEUR CIRCULATION ET SURTOUT D'APRÈS LE NOMBRE ET LA NATURE DE LEURS VERTÈBRES;

PAR J.-B. ROBINEAU-DESVOIDY, D.-M.

(PRÉSENTÉ A L'ACADÉMIE DES SCIENCES DE PARIS, LE 17 OCTOBRE 1827.)

Res nova et verba et factu.

Table (part 1 of 2 — columns CLASSES … VERTÈBRE LABIALE):

CLASSES.	CIRCULATION.	RESPIRATION.	VERTÈBRES DORSALES.	VERTÈBRE MOTRICE.	VERTÈBRE SONORE.	VERTÈBRE GUSTALE.	VERTÈBRE AUDITIVE.	VERTÈBRE OLFACTIVE.	VERTÈBRE OPTIQUE.	VERTÈBRE LABIALE.
CRUSTACÉS.	Un cœur et des vaisseaux. — Oxigénation.	Des branchies qui communiquent avec le cœur.	Six.	Forme le bord postérieur du test.	Forme la partie médiane du test.	Forme la partie antérieure du test.	Forme les antennes extérieures.	Forme les antennes intérieures.	Forme le pédoncule optique.	Forme le labre.
G. SQUILLE.	Id.	Branchies sous l'abdomen.	Onze.	Id.	Forme la presque totalité du test.	Forme une partie de la bouche.	Id.	Id.	Id.	Id.
G. POLYPHÈME.	Un vaisseau dorsal.	Branchies aux pattes.	Six.	o.	o.	o.	Derrière le test.	Forme les deux palpes.	Forme le test.	o.
BRANCHIGASTRES. (Gn. Isauropes, Lat.)	Un vaisseau dorsal appendiculé.	Branchies sous l'abdomen.	Treize.	o.	o.	o.	o?	Forme les antennes.	Forme les yeux non pédonculés.	o.
ARACHNIDES.	Un cœur et deux vaisseaux.	Des pneumobranchies (Lat.)	o.	o.	o.	o.	Forme les mandibules.	Id.	c.	o.
PICNOGONIDES. (G. NYMPHON.)	?	?	o.	o.	o.	o.	Rudimentaire.	Forme les pinces.	Forme le pédoncule optique.	o.
ERYTHRÉIDES.	Un vaisseau dorsal.	Respiration trachéale.	o.	o.	o.	o.	o.	o.	Forme les yeux.	o.
ACARIDIENS.	Id.	Id.	o.	o.	o.	o.	o.	o.	Id.	Forme le labre.
PARASITES.	Id.	Id.	o.	o.	o.	o.	Forme les antennes.	Id.	Id.	Id.
MYRIAPODES.	Id.	Id.	o.	o.	o.	o.	N'existe pas toujours.	Id.	Id.	Id.
JULACÉS.	Id.	Id.	o.	o.	o.	o.	Id.	Id.	Id.	Id.
THYSANOURES.	Id.	Id.	o.	o.	o.	o.	o.	Id.	Id.	Id.

Table (part 2 of 2 — columns VERTÈBRE MAXILLAIRE … OBSERVATIONS):

CLASSES.	VERTÈBRE MAXILLAIRE.	VERTÈBRES INTRA-BUCCALES.	VERTÈBRES POST-BUCCALES.	1re VERTÈBRE LOCOMOTRICE.	2e VERTÈBRE LOCOMOTRICE.	Les trois dernières VERTÈBRES LOCOMOTRICES.	VERTÈBRES ABDOMINALES.	VERTÈBRE NATATOIRE.	VERTÈBRE COCCYGIENNE.	OBSERVATIONS.
CRUSTACÉS.	Forme les mandibules.	Forment l'appareil masticateur et respiratoire interne.	Forment les cinq paires d'appendices de préhension.	Forme ordinairement la pince.	Sert à la progression.	Servent à la progression.	Servent à porter les œufs et les organes d'accouplement mâle.	Nulle ou très développées.	Ordinairement développée.	Trente-sept vertèbres.
G. SQUILLE.	Id.	Extérieures et aptes à la préhension.	Postérieures aux intra-buccales.	Id.	Nulle.	Id.	Développées.	Id.	Id.	Quarante-deux vertèbres.
G. POLYPHÈME.	o.	o.	o.	Ces cinq vertèbres servent à la préhension, mastication, locomotion.			Id.	o.	Terminée en deux filets.	Quinze vertèbres.
BRANCHIGASTRES. (Gn. Isauropes, Lat.)	o.	o.	o.	Organes de locomotion, de préhension et de mastication.			Id.	o.	o.	Trente-une vertèbres.
ARACHNIDES.	o.	Forme les palpes.	Forme les pinces.	Aptes à la progression.			Très développées.	o.	o.	Douze à treize vertèbres.
PICNOGONIDES. (G. NYMPHON.)	o.	o.	o.	Ces cinq vertèbres sont aptes à la progression.			o.	o.	o.	Douze vertèbres.
ERYTHRÉIDES.	o.	o.	o.	Forme les palpes.	Forme les pinces.	Id.	Id.	o.	o.	Treize vertèbres.
ACARIDIENS.	Forme les mandibules.	o.	o.	Id.	Servent à la progression.		o.	o.		Douze à quatorze vertèbres.
PARASITES.	o.	o.	o.	rare.	rrc.	Servent à la progression.	o.	o.		Nombre indéterminé de vertèbres.
MYRIAPODES.	Id.	o.	o.	Forme les premières mâchoires.	Forme les secondes mâchoires.	La première forme la lèvre.	Pattes indéfinies.	o.	o.	Nombre indéterminé de vertèbres.
JULACÉS.	Id.	o.	..	Forme la lèvre inférieure.	Quatre véritables vertèbres locomotrices. Les autres vertèbres géminées et indéterminées.		o.	o.		Quatorze à quinze vertèbres.
THYSANOURES.	Id.	o.	o.	Forme les mâchoires.	Forme la lèvre inférieure.	Aptes à la progression.		Sort à sauter.	o.	

INSECTES.

Table — INSECTES (part 1 of 2):

ORDRES.	CIRCULATION.	RESPIRATION.	VERTÈBRES DORSALES.	VERTÈBRE MOTRICE.	VERTÈBRE SONORE.	VERTÈBRE GUSTALE.	VERTÈBRE AUDITIVE.	VERTÈBRE OLFACTIVE.	VERTÈBRE OPTIQUE.	VERTÈBRE LABIALE.
HÉMIPTÈRES.	Un vaisseau dorsal.	Respiration trachéale.	Existent.	Ailes postérieures.	Ailes antérieures.	Nulle ou rudimentaire rarement développée.	o.	Forme les antennes.	Forme les yeux.	Forme le labre.
ORTHOPTÈRES.			Id.	Id.	Id.		o.			
NEVROPTÈRES.			Id.	Id.	Id.		o.			
COLÉOPTÈRES.			Absentes.	Id.	Les élytres.		o.			
LÉPIDOPTÈRES.			Id.	Id.	Ailes antérieures.		o.			
HYMÉNOPTÈRES.			Id.	Id.	Id.		o.			
DIPTÈRES.			Id.	Forme un organe spécial.	Les deux ailes.		o.			

Table — INSECTES (part 2 of 2):

ORDRES.	VERTÈBRE MAXILLAIRE.	VERTÈBRES INTRA-BUCCALES.	VERTÈBRES POST-BUCCALES.	1re VERTÈBRE LOCOMOTRICE.	2e VERTÈBRE LOCOMOTRICE.	Les trois dernières VERTÈBRES LOCOMOTRICES.	VERTÈBRES ABDOMINALES.	MÉTAMORPHOSES.	LARVES.
HÉMIPTÈRES.	Forme les mandibules. La trompe des Lépidoptères.	o.	o.	Forme les mâchoires. Trompe des Diptères.	Forme la lèvre inférieure. Trompe des Hyménoptères mobile.	Aptes à la locomotion terrestre.	Forment l'abdomen et l'anus.	Incomplètes.	Presque semblables à l'insecte parfait.
ORTHOPTÈRES.		o.	o.						
NEVROPTÈRES.		o.	o.						
COLÉOPTÈRES.		o.	o.					Complètes.	Diffèrent de l'insecte parfait.
LÉPIDOPTÈRES.		o.	o.						
HYMÉNOPTÈRES.		o.	o.						
DIPTÈRES.		o.	o.						

ORGANES

D'AUDITION ET D'OLFACTION

DES CRUSTACÉS HOMOBRANCHES.

(Extrait d'une communication faite à l'Académie des Sciences,
le 5 février 1827.)

« JE croyais que MM. Milne-Edwards et
» V. Audouin avaient borné leurs intéres-
» santes recherches au seul appareil circu-
» latoire des Crustacés. Mais dans la der-
» nière séance de la Société d'Histoire natu-
» relle, ils ont annoncé la découverte d'un
» organe qu'ils présument être celui de l'ol-
» faction sur ces Animaux. Ils sont même
» entrés dans quelques détails à ce sujet.
» Comme je m'occupai, il y a plusieurs an-
» nées, de recherches sur les organes appen-
» diculaires des Animaux articulés, je crois
» aussi avoir découvert cet organe sur les
» Crustacés.

» Les Insectes hexapodes offrent à la par-
» tie antérieure de la tête et entre les yeux
» un appareil solide, annelé, mobile, fili-

» forme, qu'on nomme les *antennes*. Les
» Crustacés homobranches, et notamment
» l'Écrevisse, ont ce même appareil. Ils en
» ont en outre un autre plus développé sur
» les côtés de la tête, et qu'on nomme les
» *grandes antennes*. Je ne sache pas que la
» zoologie ait encore bien déterminé la
» nature de ces organes qui, selon moi,
» conduisent à de hautes solutions d'ana-
» tomie comparée, ainsi que je vais briè-
» vement l'exposer.

» L'appareil de l'audition se trouve tout-
» à-fait extérieur; devenu organe de scru-
» tation, de vigilance et de tact, il ne pré-
» sente plus que les premiers rudimens de
» l'organe de l'ouïe, rudimens décrits par
» Scarpa, et qui aboutissent à une mem-
» brane extérieure non perforée. La base de
» ce nouvel appareil est formée par les di-
» verses pièces solides : mais il ne tarde
» point à s'allonger davantage, et à ne plus
» montrer qu'un filet cartilagineux et an-
» nelé. Un renflement nerveux envoie de
» chaque côté un filet à ces appendices exté-
» rieurs.

» Deux autres nerfs se rendent aux yeux :
» deux autres nerfs se rendent directement

» aux *antennules* ou *petites antennes*. Pour
» moi, ces antennules par leurs nerfs, par
» leur position et par leur organisation, sont
» les véritables antennes des Insectes hexa-
» podes; ce sont les véritables organes de
» l'olfaction. Sur l'Écrevisse et le Homard,
» à la face supérieure de l'article basilaire
» de ces organes se trouve un canal qui com-
» munique à l'extérieur. Ce canal est oblique
» de dehors en dedans, d'avant en arrière,
» et un peu de haut en bas. Il passe sous une
» lame recouverte à l'extérieur d'une mem-
» brane ciliée, contractile, susceptible de
» fermer hermétiquement l'ouverture exté-
» rieure, et qui empêche ainsi de distinguer
» la véritable place de cet organe. Ce canal
» conduit dans l'intérieur de l'article basi-
» laire où se trouvent des lames ou feuilles
» cartilagineuses superposées, tapissées par
» le nerf dont j'ai parlé, et par une mem-
» brane. Il correspond encore avec le reste
» de l'antenne qui finit bientôt par se ter-
» miner en filets cartilagineux. L'appareil
» ici indiqué est pour *moi l'organe de l'ol-
» faction.*

» En résumé, les véritables Crustacés dif-
» fèrent des Insectes par la présence des

» deux appareils antennaires, dont l'exté-
» rieur représente les organes de l'audition,
» et dont l'intérieur, analogue des antennes
» des Insectes, représente les organes de
» l'olfaction. On doit remarquer que les seuls
» articles basilaires sont solides, tandis que
» leur long filet terminal est cartilagineux.
» En conséquence, je propose de nommer
» les appendices extérieurs des Crustacés
» *antennes auditives*, et leurs appendices
» internes *antennes olfactives*. De cette ma-
» nière on énoncerait de suite l'origine pri-
» mitive de ces deux appareils. »

§ Ier.

Appareil buccal du Palinurus vulgaris, Fabr.

Les *vertèbres buccales* forment chez les Crustacés cet appareil intérieur de poches stomacales et de pièces masticatoires, qui , depuis long-temps, a attiré l'attention des Zoologistes, mais qui n'a pas encore été expliqué d'une manière satisfaisante , quoique M. Geoffroy y ait annoncé un larynx , un hyoïde, et plusieurs autres pièces. Cet appareil mérite des études d'autant plus sérieuses, qu'il n'appartient qu'aux *Crustacés décapodes* des auteurs, et que les autres séries finissent par n'en plus offrir aucun vestige.

Jusqu'à ce jour, il ne pouvait point être expliqué , ni même compris, parce qu'on l'étudiait toujours sur le Homard ou sur le Poupart, qui n'offrent que des pièces confondues les unes avec les autres, et souvent indistinctes. Tant que j'ai fait usage de ces seuls Animaux , je suis resté dans une incertitude et dans un dépit d'autant plus faciles à concevoir, que là se trouvait un des principaux problèmes du travail que je poursuivais.

Enfin la nature elle-même m'arracha à toute irrésolution. Je parvins à rencontrer un Crustacé qui non-seulement leva tous mes doutes, mais encore qui me permit de prononcer avec certitude sur la nature de chacune des nombreuses pièces de cet appareil. La Langouste (*Palinurus vulgaris*, Fab.) prouve de la manière la plus irrécusable, que cet appareil se compose de la réunion de cinq vertèbres, qui ne sont que les *vertèbre pharyngiale*, *vertèbre cricéale*, *vertèbre thyréale*, *vertèbre arythénéale*, et *vertèbre hyoïdienne* des Animaux supérieurs.

Les substances alimentaires, coupées et dépecées par les polergaux de la vertèbre maxillaire, entrent et s'accumulent dans une large *poche membraneuse*, analogue *à celle* qu'on observe sur les Oiseaux pêcheurs : elles y sont pêle – mêle disposées en dépôt. Au fond de cette poche se trouve un appareil solide, formé par la vertèbre pharyngienne, qui, avec des pièces masticatoires tout-à-fait semblables à celles qu'on observe sur la plupart des Poissons, reprennent les alimens et leur font subir l'épreuve d'une seconde mastication. Ces alimens s'appuient alors sur le basial, dont le sommet recourbé derrière et devant les empêche de pénétrer dans la seconde poche. Lorsqu'ils sont ainsi appuyés et retenus, les polergaux agissent latéralement sur eux par déchirure et par trituration. L'Animal rejette ensuite au-dehors les parties les plus grossières, et ne laisse arriver dans la seconde poche que des parties plus nutritives, mais qui ont encore besoin de nouvelles actions mécaniques.

La vertèbre *cricéale*, déjà employée à la mastication dans plusieurs Poissons, fait suite à la vertèbre *pharyngiale*, et lui succède aussi dans la continuité des mêmes usages. Mais comme elle opère sur des substances plus disgestibles, elle n'a pas besoin d'être armée de pièces aussi solides. La poche qu'elle forme avec sa membrane est également moins ample.

La disposition particulière de ces deux vertèbres et de leurs pièces fait qu'elles exercent leur action par un mouvement oblique de haut en bas, et d'arrière en avant.

De la vertèbre *cricéale* les alimens passent dans la vertèbre *thyréale*, où ils subissent de nouveaux frottemens par une compression latérale : ils ne peuvent s'y accumuler en quantité, et bientôt ils passent dans l'intestin en remontant vers le sommet de la vertèbre.

Ici un nouvel ordre de fonctions a réclamé un nouvel ordre d'organisation. L'Animal doit aussi *avoir une respiration intérieure*, quoique branchiale. Il possède un organe qui n'est propre qu'à cette fonction ; en un mot, il offre un *larynx branchial* formé par la vertèbre *arythénéale*, accessible aux seules molécules respiratoires, et où les alimens ne doivent point pénétrer. Les choses se passent de la manière suivante :

Les arthroméraux de la vertèbre *thyréale* se développent du bas de cette vertèbre en deux lames cartilagineuses soudées à leur base, libres dans leur moitié apicale ou supérieure, et qui remontent vers l'orifice pilorique de cette vertèbre. A l'endroit où ces lames deviennent libres, il se trouve un intervalle, un espace latéral entre elles et la membrane fibreuse extérieure. On conçoit aisément qu'un corps, qui passerait de cet espace entre les lames arthrocérales et la membrane extérieure, parviendrait facilement dans la vertèbre arythénéale. Mais l'air seul ou l'eau doivent pénétrer par ces passages. Dans l'acte de déglutition , les deux lames arthrocérales rapprochent leurs sommets l'un contre l'autre, et forment ainsi un canal que les alimens sont obligés de suivre, tandis que la membrane extérieure se presse exactement autour de ce canal et se moule sur lui.

Ainsi la vertèbre *arythénéale* ne contribue nullement à la mastication, ni à la déglutition. Ses diverses pièces sont ramassées sur elles–mêmes. Mais ses arthrocéraux donnent attache à un tissu fibro-cartilagineux déjà signalé, très-développé ici, qui, parti d'un des bords de leur surface, se contourne à l'extérieur de la vertèbre, y forme un appendice, une sorte de corne, une poche, puis se replie sous lui-même et vient s'attacher à l'autre bord des arthrocéraux. Cette sorte de poche, creuse dans son intérieur, est entièrement tapissée de lamelles branchiales, propres à agir sur le liquide qui a pu pénétrer entre les lames arthrocérales-thyréales et la membrane extérieure.

Il est aisé de concevoir que, dans le repos, les lames arthrocérales-thyréales étant abaissées dans le corps de leur vertèbre, il s'éta-

blit un courant direct entre la vertèbre arythénéale et le liquide extérieur.

Cette vertèbre arythénéale, par le développement demi-circulaire des fibres cartilagineuses de ses arthrocéraux autour d'un
cartilage spécial et adhérent aux arthrocéraux, nous donne l'idée la plus juste des
demi-cerceaux cartilagineux des bronches
sur les Animaux supérieurs. Il est impossible
de se méprendre sur l'identité de ces tissus.
Bien plus, percez le sommet de cette poche
branchiale, faites-en sortir les branchies
qu'elle contient dans son intérieur pour les
attacher à son extérieur, *je soutiens qu'on
aura de suite un poumon.*

Mais quels peuvent être la cause et le résultat de cette respiration intérieure? Est-
elle nécessaire à l'Animal? Je suis certain
que l'eau pénètre dans cet organe : mais
comme il n'est tapissé que de lamelles branchiales filamenteuses, serrées et très-denses,
ne pourrait-il pas servir à la respiration
aérienne de l'Animal, quand il se trouve
hors de l'eau [1].

---

[1] Ce *poumon branchial* communique avec les vaisseaux du cœur par un *trou* pratiqué dans une bran-

M. Geoffroy a démontré que la majeure portion de *l'appareil laryngé* des Animaux supérieurs est employée, sur les Poissons, à porter les organes respiratoires. Ici le même fait a lieu : mais la respiration branchiale (qui se fait par d'autres organes extérieurs), au lieu d'employer à l'intérieur les quatre vertèbres laryngées, n'en emploie plus qu'une, la dernière de l'appareil, la vertèbre arythénéale.

En peu de mots, *nous sommes sur ce dernier passage où la respiration se montre encore dans des appareils internes, mais où elle s'exécute davantage par des organes externes : nous sommes sur un point qui touche directement aux Poissons.*

Après la vertèbre arythénéale, mais en devant, on remarque la vertèbre *hyoïdienne*, étendue sur la face inférieure de cet appareil, et contribuant, par le jeu de ses diverses pièces, à cette sorte de déglutition qui fait passer les alimens de la première poche dans la seconde. Ses diverses pièces sont bien dis-

che des polergaux thyréaux. — J'ai dû noter cette observation, qui montre que le sang doit arriver directement dans cet appareil.

7*

tinctes : le basial est en arrière ; et les appendices arthroméraux et arthrocéraux se dirigent en devant et en dehors ; des boursouffle-
mens membraneux et ciliés leur correspondent dans l'intérieur.

Il résulte de cet exposé , *que l'appareil*
buccal interne des Crustacés supérieurs cor-
respond exactement au nombre des vertèbres
laryngées des Animaux supérieurs. Il n'entre
pas dans mon plan de montrer les rapports
que ces vertèbres ont entre elles selon les
diverses classes des Animaux. Il suffit de la
certitude que, sur les Crustacés, elles *servent*
principalement au jeu de la mastication et
de la déglutition.

§ II.

Détermination et description des cinq vertèbres et des diverses pièces vertébrales de l'appareil buccal du Palinurus vulgaris, Fabr.

L'appareil buccal ou masticateur des Crustacés se compose de sept vertèbres; je ne parle point ici des deux premières, qui sont extérieures et qui représentent la vertèbre *labiale* et la vertèbre *maxillaire* des Animaux supérieurs.

Le genre *Palinurus* (Langouste) est peut-être le seul, parmi les Crustacés, qui laisse nettement distinguer les cinq vertèbres buccales intérieures, avec chacune des diverses pièces qui les composent.

L'orifice buccal est suivi d'un sac membraneux qui forme une poche où l'Animal accumule les substances alimentaires que les vertèbres suivantes doivent soumettre à la mastication.

Cette poche buccale correspond exactement à la poche d'approvisionnement qu'on remarque en arrière de la bouche des Oiseaux pêcheurs ; elle occupe plus ou moins d'espace suivant son ampliation. Elle fait la tête de l'appareil buccal interne, se trouve en rapport avec le dessous du test, avec la face interne des vertèbres sensoriales antérieures, et avec la face interne des vertèbres post-buccales. En devant elle se continue avec la vertèbre labiale, la vertèbre maxillaire, et la première vertèbre post-buccale ; en arrière, elle se termine par la vertèbre pharyngéale, et son bas est formé par la vertèbre hyoïdienne. Cette poche est entièrement composée de fibres membraneuses qui se croisent en tous sens.

Après cette poche vient l'appareil buccal solide, formé par la série de cinq vertèbres, dont trois supérieures et deux inférieures.

Les trois vertèbres supérieures sont : la vertèbre *pharyngéale*, la vertèbre *cricéale*, et la vertèbre *thyréale*.

Les deux vertèbres inférieures sont, en devant, la vertèbre *hyoïdienne*, et en arrière la vertèbre *arythénéale*.

Chacune de ces vertèbres forme un segment à part et également composé de neuf pièces solides, qu'il n'est pas difficile de distinguer.

Vertèbres buccales supérieures.

I. VERTÈBRE PHARYNGÉALE. R.-D. (*Fig.* 3–3bis.)

Cette vertèbre, située à la partie antéro-supérieure, est la plus considérable de cet appareil. Elle est surtout utile à la mastication.

Elle correspond aux pièces osseuses et dentelées qu'on a signalées à la voùte du crâne et dans la bouche des Oiseaux, des Poissons et des Reptiles.

Elle forme une sorte de demi–arc, qui tendrait à embrasser le pourtour de l'appareil, mais qui n'en embrasse réellement que la moitié supérieure; convexe à la face externe, elle est concave à la face interne.

Le basial, soudé avec les polergaux, forme l'espèce de test ou de plaque solide qu'on aperçoit d'abord; les polergaux de forme triangulaire s'étendent sur les côtés; mais le basial se poursuit en dedans, au bas, en arrière, puis se recourbe en dedans et en avant à son sommet, qui se soude au sommet du basial cricéal. Dans son trajet, ce premier basial s'est incrusté en dedans d'une substance fibro-cartilagineuse, qui donne lieu à de fortes rides dentiformes ; ce basial forme aussi une portion de la voûte de la vertèbre *pharyngéale* ; par son sommet recourbé en dedans, il empêche les alimens de passer dans la seconde vertèbre, et il fournit à ces alimens un point d'appui pour être triturés par les arthroméraux.

Les *costaux* sont deux petites tiges cylindriques situées entre le basial et les polergaux.

De l'angle postérieur et inférieur de chaque polergal, part une pièce solide, d'abord assez grêle, qui augmente en épaisseur à mesure qu'elle s'avance en arrière et en bas ; elle tend à se rapprocher de celle du côté opposé. Arrivée contre le sommet recourbé du basial, cette pièce forme une tête qui, à l'intérieur, s'incruste d'une substance fibro-osseuse, propre à déchirer. Cette pièce est *l'arthroméral* ; la position, la forme et le jeu des deux arthroméraux, ont pu avec raison les faire comparer à deux mâchoires. L'arthroméral laisse entre lui et le basial un espace triangulaire, rempli par une membrane fibreuse, tout-à-fait analogue à celle qui forme la poche.

Lorsque l'arthroméral a formé la tête qui s'appuie sur les côtés du sommet du basial, et qui ferme la première poche buccale, il semble pénétrer dans la seconde poche par un prolongement ou une tige interne, latérale, toute garnie de dentelures cartilagineuses : mais cette tige est formée par *l'arthrocéral* soudé avec *l'arthroméral*.

Ainsi, la première poche buccale est d'abord formée par une vaste membrane fibreuse, et par la vertèbre *pharyngéale ;* bientôt nous verrons la vertèbre *hyoïdienne* s'y joindre.

II. Vertèbre cricéale. R.–D. (*Fig.* 4.)

La seconde vertèbre buccale supérieure concourt à la formation d'une seconde poche moins ample que la première.

Ses pièces sont exactement celles de la vertèbre *pharyngéale*, mais elles offrent quelques différences dans leur forme et dans leur position.

Cette vertèbre est la vertèbre *cricéale* des animaux supérieurs; elle acquiert son *maximum* de développement sur les Crustacés. Déjà, sur les Poissons, quelques-unes de

ses pièces sont employées à la mastication.

A l'extérieur, cette vertèbre laisse entre
elle et la vertèbre *pharyngéale*, un intervalle, un vide triangulaire.

Le basial s'avance aussi en bas et en dedans ; il vient souder son sommet au sommet
recourbé de la vertèbre *pharyngéale*, mais
ce basial se développe davantage vers le
haut, où il se prolonge latéralement en deux
branches écartées qui le font paraître four-
chu.

Les *costaux*, extrêmement petits, sont situés vers le sommet de chacune de ces branches.

Les *polergaux*, tout-à-fait latéraux, et
situés sous les costaux, ne sont que des lames solides, que des parois qui correspondent aux bords latéraux du basial, et qui
donnent attache aux membranes.

Les *arthroméraux* forment la tige, un peu
disposée en *S*, qui part extérieurement de
la tête arthromérale de la vertèbre précé-
dente, s'avance latéralement en arrière jusqu'à l'angle inférieur des polergaux thyréaux. Cette pièce est solide à l'extérieur,
mais à l'intérieur elle offre une lame fi-

breuse, comme papillaire, qu'on retrouve à toutes ces vertèbres.

Sur quelques Crustacés, sur le Poupart, etc., cet arthroméral offre, à l'intérieur, plusieurs points solides et dentelés; cet organe, tout-à-fait analogue à l'arthroméral pharyngéal, est seulement un peu moins développé.

Les *arthrocéraux* partent du sommet des arthroméraux et forment une tige convexe en dehors, qui se contourne sur les côtés et en dessous de l'appareil buccal pour venir se terminer vers le sommet des arthroméraux et des arthrocéraux hyoïdiens; à l'aide de ses arthrocéraux, on peut dire que la vertèbre cricéale exécute un cercle autour de l'appareil buccal. A l'intérieur, ces arthrocéraux fournissent une lame membraneuse, papillaire, branchiale, plus développée que celle des arthroméraux.

Une membrane fibreuse, analogue à celles déjà mentionnées, s'étend du basial de cette vertèbre au basial de la vertèbre thyréale, et d'un arthroméral à l'arthroméral opposé.

Une membrane semblabe remplit l'espace triangulaire entre les arthroméraux et les

arthrocéraux de cette vertèbre, et les arthroméraux hyoïdiens.

Cette vertèbre sert encore à la mastication, mais sur des substances plus élaborées,
moins grossières ; sa face interne et la membrane qui s'attache aux bords de ses diverses
pièces, forment une seconde poche stomacale, moins ample que la première.

III. Vertèbre thyréale. R.-D. (*Fig.* 5.)

Cette vertèbre, située derrière la cricéale,
sert encore au passage et à l'élaboration des
alimens. Mais ses pièces affectent des dispo-
sitions assez modifiées.

Elle forme une troisième poche, un peu
élevée, comprimée sur les côtés, et membraneuse vers son sommet postéro-supérieur.
En arrière, elle s'ouvre dans le tube intestinal ; en devant, elle communique avec la
vertèbre arythénéale.

Le *basial*, très-petit, consiste en une lame
osseuse, un peu allongée sur le bord supérieur et antérieur de la vertèbre.

Toujours sur ce même bord, mais plus
en arrière, les *costaux* forment deux pièces

ovalaires, allongées, qui donnent attache à
la membrane de cette vertèbre.

Les *polergaux* sont les deux larges pièces
qui, des costaux, descendent latéralement
jusqu'à la vertèbre arythénéale. Minces,
aplatis, ils font l'office de pièces pariétales.
Arrivés entre la vertèbre hyoïdienne et la
vertèbre arythénéale, ils donnent deux angles remarquables : l'un saillant, qui se joint
au sommet de l'arthroméral cricéal ; l'autre,
plus aplati, qui recouvre le basial hyoïdien,
et s'avance jusqu'au sommet des pièces arythénéales. Cette dernière portion de la vertèbre est percée d'un *trou* qui se rend dans
l'intérieur de la vertèbre arythénéale.

Mais les *arthroméraux*, nés de la base des
polergaux, descendent le long du sommet
de la vertèbre. Arrivés aux arthroméraux
hyoïdiens, ils se replient tout-à-coup en formant un coude, et ils viennent rejoindre le
sommet de leurs polergaux. Ils laissent alors
entre eux et leurs polergaux un intervalle
membraneux. Ces pièces, à leur face interne,
ont aussi une petite lame membraneuse,
boursoufflée et ciliée.

Les *arthrocéraux*, peu développés pour
la matière osseuse, s'enfoncent dans la ca-

vité stomacale et y forment chacun une large lame cartilagineuse, ciliée, analogue à toutes celles déjà mentionnées, mais qui forment ici un appareil très-important. Ces lames se soudent vers le bas, forment une cloison à la partie postérieure de la vertèbre : arrivées contre l'orifice pylorique, elles se séparent, se dirigent en arrière. Les arthroméraux se laissent voir vers le sommet et sur le haut de la vertèbre, dans la membrane qui forme la poche dilatable de cette même vertèbre, et qui se termine dans l'intestin.

Entre les lames cartilagineuses des arthroméraux et la paroi externe de l'appareil digestif, cette vertèbre offre de chaque côté une coulisse, un intervalle qui se prolonge dans l'intérieur de la vertèbre arythénéale, en sorte que ces deux vertèbres communiquent directement ensemble. Mais la soudure des arthrocéraux vers le bas empêche les alimens de passer dans la vertèbre suivante, et leur forme un conduit qui les dirige dans l'intestin.

Cette vertèbre a pour usage de former une troisième poche stomacale, de communiquer avec l'intestin et avec la vertèbre arythénéale.

Des vertèbres inférieures.

IV. Vertèbre arythénéale. R.-D. (*Fig.* 6.)

J'ai déjà exposé que l'appareil buccal offre des vertèbres supérieures et des vertèbres inférieures. J'ai décrit les trois vertèbres supérieures qui servent à la mastication, et j'ai indiqué comment la vertèbre thyréale communique dans la vertèbre *arythénéale*, qui la suit immédiatement, mais qui lui est réellement inférieure, parce que l'appareil buccal éprouve ici une conversion sur lui-même.

Ainsi cette vertèbre est réellement inférieure à la vertèbre thyréale ; elle est aussi moins étendue.

Le *basial*, tout-à-fait comprimé, consiste en une petite pièce transverse, qui offre les costaux au-dessus de ses angles. Ces *costaux* sont eux-mêmes un peu surmontés par les *polergaux*, qui ne sont plus ici que des pièces aplaties, étendues sous la branche inférieure des arthroméraux-thyréaux.

Les *arthroméraux*, assez semblables aux polergaux, sont pareillement étendus en long sous leurs polergaux; quelquefois on leur distingue plusieurs pièces.

Mais les *arthrocéraux* qui naissent contre chaque angle latéral du basial, sous les costaux et derrière les arthroméraux, ne consistent chacun qu'en une petite tige osseuse, qui se contourne de dedans en dehors.

Ici paraît un organe tout-à-fait nouveau, et qui mérite toute notre attention. Les pièces arythénéales ont pris pour point d'appui les arthroméraux-thyréaux; qui se sont rapprochés en bas. Les pièces arythénéales se sont développées un peu en dedans et en dehors, de manière à laisser entre elles un intervalle qui s'évase d'autant plus qu'il s'éloigne davantage des arthrocéraux-thyréaux. Rappelons-nous que ces arthrocéraux-thyréaux fournissent une large lame cartilagineuse. Ici cette production des arthrocéraux-arythénéaux acquiert un haut degré d'importance.

De chaque arthrocéral naît donc une pareille lame cartilagineuse, qui d'abord se porte sous le basial, se réunit à la lame opposée et forme une cloison, un diaphragme entre chaque arthrocéral, ainsi qu'entre le basial et les arthrocéraux-thyréaux. Cette

lame cartilagineuse prend ensuite deux directions : l'une qui longe le milieu de l'intervalle entre les diverses pièces solides de
la vertèbre jusqu'au basial hyoïdien: l'autre
qui suit la direction de son arthrocéral, et,
comme lui, se contourne en dehors. Au bord
inférieur de la lame intervallaire naît ensuite un tissu particulier formé de fibres cartilagineuses jaunâtres, qui se portent aussi
en dehors en se contournant et en adhérant
à la lame cartilagineuse et contournée de
l'arthrocéral. Ce tissu, ainsi contourné en
forme de corne, vient se terminer au bord
inférieur des arthroméraux.

Au moyen de la cloison établie entre le
basial de cette vertèbre et le dessous des
arthroméraux-thyréaux, il résulte que la
vertèbre thyréale ne peut plus communiquer
dans la vertèbre arythénéale que par deux
ouvertures latérales à cette cloison, et qui
pénètrent dans l'espèce de corne formée par
les points d'attache différens du tissu cartilagineux des arthrocéraux. J'ai dit plus haut
que cette communication entre les deux vertèbres n'a lieu qu'au moyen d'un intervalle
entre les arthrocéraux-thyréaux et la membrane externe de l'appareil buccal ; en sorte

8

que si l'Animal resserre à la fois cette membrane et ses arthrocéraux – thyréaux , il devient impossible à aucun corps , même à l'air , de pénétrer de la vertèbre thyréale dans la vertèbre arythénéale.

Il ne peut donc pénétrer que de l'air ou de l'eau dans cette vertèbre arythénéale qui est un véritable larynx. *Les deux espèces de cornes fibreuses* attachées à ces arthrocéraux *sont du même tissu que les bronches des Animaux supérieurs.* Ce sont de véritables bronches, mais qui ne s'ouvrent point dans des poumons ; ce sont des bronches à une seule ouverture. L'intérieur de ce larynx offre un conduit par où l'air et l'eau pénètrent ; il offre plusieurs lames entièrement ciliées et comme velues, tout-à-fait analogues à des branchies. Ici il ne s'exécute encore qu'une respiration branchiale , mais qui est intérieure et non extérieure.

V. Vertèbre hyéale *ou* hyoïdienne. R.-D.
(*Fig.* 7.)

Située à la partie antéro – inférieure de l'appareil buccal, cette vertèbre est suivie de la vertèbre arythénéale. La disposition de ses pièces la fait aussitôt comparer à la vertèbre hyoïdienne des Animaux supérieurs ; c'est-à-dire , elle offre sa base en arrière , tandis que ses appendices s'ouvrent en avant sur l'orifice buccal.

Le *basial* est une petite lame en carré long , qui fait suite aux arthrocéraux-arythénéaux. Sur les côtés de chacun de ses angles antérieurs on voit deux petites pièces osseuses, qui sont les *costaux.*

Les *polergaux* , projetés en devant du basial, dans l'intervalle des arthroméraux , consistent en deux lames qui se soudent par leur bord interne.

Les *arthroméraux* sont les pièces les plus développées de cette vertèbre ; ils forment deux tiges cylindriques, qui , parties des costaux, s'avancent vers l'orifice buccal en se rapprochant un peu l'une de l'autre , et viennent se terminer contre le sommet des arthroméraux cricéaux. A leur face interne, ces pièces supportent un fort boursoufflement membraneux , ainsi que leurs *arthrocéraux* , qui consistent à l'extérieur en deux tiges encore plus grêles , et longeant l'étendue des arthroméraux sous lesquels elles sont situées.

8*

(116)

Il ne serait donc pas difficile de rapporter
ces pièces à celles que M. Geoffroy nomme
sur l'hyoïde des Animaux supérieurs.

Cette vertèbre hyoïdienne ne peut avoir
d'autres usages que de coopérer à la déglutition, ou à l'expulsion des alimens de la
première poche dans la seconde. Alors elle
meut le sommet de ses arthroméraux de haut
en bas, de dehors en dedans, et d'avant en
arrière.

On doit remarquer que toutes les pièces
solides de cet appareil buccal ne sont ainsi
distinctes que parce que le jeu spécial et le
mécanisme journalier de chacune de ces
pièces les empêchent de se souder.

Je ne pense pas qu'on puisse rien objecter
à la détermination rigoureuse que je donne
de ces vertèbres. Je ne pense pas non plus
qu'on puisse me contester leur jeu ni leur
usage. On me recherchera sans doute sur
quelques détails : mais je déclare que je ne
dois répondre que par l'orgueil du silence
aux personnes qui nieront l'identité, le nombre et la détermination de ces mêmes vertèbres.

II. ETUDE DU GENRE SQUILLE

ET DES GENRES VOISINS.

(Je donne ici l'étude très-importante de ces genres, qui doivent former une classe immédiatement après les Crustacés et avant les Entomostracés.)

G. SQUILLE. *Squilla.*

1. Branchies situées aux vertèbres abdominales.

2. Les trois vertèbres sensoriales postérieures formant la carapace et devenues organes buccaux.

3. Les trois autres vertèbres sensoriales tout-à-fait antérieures et formant des appendices séparés.

4. La vertèbre labiale et la vertèbre maxillaire comme sur les Crustacés.

5. Les vertèbres buccales expulsées en dehors.

6. Les vertèbres post-buccales rejetées plus loin.

7. Les vertèbres locomotrices déve-

loppées à part, n'étant plus sous le test, et ayant amené le développement des vertèbres dorsales correspondantes : en sorte que la Squille offre dix-huit vertèbres abdominales, tant supérieures qu'inférieures, au lieu de treize.

Vᴇʀᴛèʙʀᴇs ᴅᴏʀsᴀʟᴇs. Ce genre offre cinq vertèbres dorsales de plus, qui correspondent aux cinq vertèbres locomotrices. Ces cinq vertèbres sont tout-à-fait analogues aux six suivantes, mais leur basial est très-petit; la première paraît presque n'avoir que des rudimens.

Les vertèbres dorsales offrent ceci de particulier, que le *basial* est supérieur et forme un petit arceau transversal, ayant les extrémités terminées par les *costaux*, tandis que l'arceau inférieur est très-développé, et formé dans son milieu par les *polergaux* soudés, qui sur leurs côtés portent les *arthroméraux* et les *arthrocéraux*, également soudés entre eux et avec les polergaux.

Le *Squilla glabriuscula*, Lamk., offre un singulier caractère; sur ces vertèbres les basial et les costaux ne se sont pas développés, on n'aperçoit que le tissu membraneux qui aurait dû les sécréter. Les polergaux forment alors les principales pièces des vertèbres.

Vertèbre olfactive. Basial antérieur; costaux inférieurs et soudés; polergaux paraissant *perforés*, réunis aux arthroméraux qui, avec les arthrocéraux, se continuent en un filet cylindrique que terminent des filets fibro-cartilagineux dont le nombre varie selon les espèces.

Vertèbre optique. Basial petit, situé au-dessus du basial olfactif; costaux petits, supérieurs et soudés; polergaux latéraux, oculifères.

Vertèbre auditive. Située entre la vertèbre optique, et en dehors de la vertèbre gustale; elle est inférieure par sa base et latérale par ses appendices. Basial petit, inférieur, contre la poche buccale; costaux antérieurs au basial et postérieurs aux costaux olfactifs; polergaux latéraux au basial et aux costaux, assez développés. Ils donnent naissance, en dehors, aux arthroméraux qui se terminent en une longue palette aplatie, et en dedans, aux arthrocéraux filiformes, pluriarticulés, terminés par un filet.

VERTÈBRE GUSTALE. C'est la plus importante du genre; elle acquiert ici son plus haut développement; elle devient la bouche.

Située entre la vertèbre optique et la vertèbre sonore; basial supérieur, allongé et triangulaire; costaux situés sur les côtés antérieurs et supérieurs du basial, et formant entre les yeux une lame de protection; polergaux latéraux au basial et aux costaux, descendant former les parois latérales de la bouche; arthroméraux et arthrocéraux soudés ensemble et avec les polergaux, formant la paroi inférieure et le bord buccal de cette poche solide.

VERTÈBRE SONORE. Très-étendue; elle recouvre la bouche, forme presque toute la carapace; ses pièces sont divisées en long et accolées les unes contre les autres.

Basial assez petit, postérieur, triangulaire, envoyant devant lui et sur le milieu du test les deux costaux soudés ensemble, qui s'é-

tendent jusqu'au basial gustal ; les polergaux forment les deux lames latéro-longi-
tudinales qui, accolées contre les costaux,
se poursuivent jusqu'à l'angle postérieur du
test, et se soudent avec les bords de la vertèbre motile. Les arthroméraux et les arthrocéraux sont soudés entre eux, et avec
cette dernière vertèbre.

VERTÈBRE MOTILE. Postérieure au test, située entre les pièces appendiculaires de la
vertèbre sonore ; ses pièces sont très-indis-
tinctes sur la plupart des espèces ; mais sur
le *Squilla raphidea*, Fabr., je distingue, en
arrière et au milieu, un très-petit basial ;
sur les côtés antérieurs du basial, deux costaux qui, dans leur intervalle antérieur, reçoivent le basial sonore ; sur les côtés postérieurs du basial, deux polergaux qui se
soudent avec les arthroméraux *sonores*, et
qui montent le long des costaux *motiles*. Je
distingue les arthroméraux situés au sommet des costaux et des polergaux, enclavés
entre les costaux, le basial et les polergaux *sonores :* ils sont de forme triangulaire.
Les arthrocéraux, encore plus antérieurs
que les arthroméraux, sont un peu plus

allongés , et enclavés entre les polergaux *sonores*. Il résulte de cette disposition, que les deux vertèbres (la vertèbre sonore et la vertèbre motile) sont enclavées l'une dans l'autre.

Vertèbres buccales. Ici la bouche formée par la vertèbre gustale et la vertèbre sonore, a expulsé les vraies vertèbres buccales des Crustacés.

Le bord antérieur de la bouche est formé par la vertèbre labiale, et ses parois latérales par la vertèbre maxillaire dentiforme, et munie d'un palpe.

La partie postérieure de cette bouche est formée par les vertèbres buccales des Crustacés, expulsées au dehors, serrées les unes contre les autres, et devenues organes de tact et de préhension. Elles forment une première enceinte autour de la bouche.

Vertèbres post-buccales. L'expulsion au dehors des vertèbres buccales, a forcé les vertèbres post-buccales de se développer plus en arrière et encore plus en dehors. Il en est résulté une seconde enceinte autour de la bouche et des vertèbres buccales ; ces vertèbres sont très-serrées, les deux premières ne sont pas complètes, mais les trois dernières, plus développées, viennent avec leurs arthrocéraux former trois paires de disques, surmontés d'un crochet mobile pour saisir et retenir la proie.

Vertèbres locomotrices. Ces vertèbres offrent ceci de particulier, que la première fournit deux longs appendices en forme de bras, qui s'étendent en avant du corps ; son basial est sous les vertèbres post-buccales ; ses costaux forment la base des bras ; ses polergaux en forment le manche, et ses arthroméraux la lame (en la comparant à un couteau ouvert). Les arthrocéraux constituent la pièce terminale dentelée, pectinée.

La seconde vertèbre locomotrice, eu égard à l'excessif développement de la première, n'offre à peine que les rudimens de ses pièces arthromérales et arthrocérales. Les trois vertèbres suivantes sont comme sur les Crustacés.

Vertèbres abdominales. Ces vertèbres ressemblent en tout à celles des Crustacés, mais les arthroméraux et les arthrocéraux portent des lames branchiales.

Vertèbre natatoire. Les diverses pièces de cette vertèbre sont bien distinctes.

Le genre *Coronide* s'explique comme le genre Squille.

Le genre *Ericth* a sa carapace formée surtout par la vertèbre motile.

La vertèbre motile prédomine sur les genres *Phyllosóme* et *Alime;* mais ces deux genres offrent d'autres caractères sur lesquels je reviendrai plus tard.

III. LES BRANCHIGASTRES. R.-D. (Classe.)

Branchigastria.

(Majeure portion des Cr. Isopodes.)

Jetons un rapide coup-d'œil sur les Ani-maux de cette section, et nous nous de-manderons ensuite comment on a pu les confondre ou les joindre avec les vrais Crus-tacés.

1°. Les branchies sont situées sur des la-mes étalées sous chaque vertèbre abdomi-nale.

2°. Les pièces, qui forment les cinq vertè-bres dorsales et les cinq vertèbres abdomi-nales, sont ordinairement confondues en-semble.

3°. L'absence totale d'une carapace, et le développement des vertèbres post-buccales, devenues organes de locomotion, ont né-cessité l'existence de sept vertèbres dorsales correspondantes, qu'on n'observe jamais sur les vrais Crustacés.

4°. Point de carapace, parce qu'aucune des vertèbres sensoriales [postérieures n'existe.

5°. Il n'y a que deux vertèbres sensoriales antérieures : l'olfactive et l'optique. L'olfactive offre l'existence bien prononcée de ses arthroméraux et de ses arthrocéraux, d'où l'on a conclu, mais à tort, que ces Animaux ont deux paires différentes d'antennes. (Du moins c'est ce dont je crois être sûr d'après l'inspection des individus que je possède.)

6°. La vertèbre auditive n'existe pas.

7°. Les sept vertèbres buccales manquent totalement.

8°. On ne compte que sept paires de vertèbres locomotrices, mais il y en a réellement dix. Les deux premières forment la lèvre supérieure et les mâchoires, tandis que la troisième n'est que rudimentaire; il reste encore sept paires pour que l'Animal puisse se mouvoir et surtout s'accrocher.

Il est évident qu'ici les cinq vertèbres postbuccales de mes Crustacés sont devenues organes de mastication, de préhension et de locomotion. Il existe à peine quelques vestiges de la vertèbre anale.

Ainsi, différences essentielles dans la nature et la position des organes respiratoires ;

différences *probables* dans le mode de cir‑
culation; différences notables par l'existence
des vertèbres dorsales qui correspondent
aux vertèbres locomotives, par l'absence des
trois vertèbres sensoriales postérieures, de
la vertèbre auditive, des sept vertèbres buc‑
cales, par le plus grand développement des
vertèbres post‑buccales, dont deux opèrent
la mastication.

Certes, je viens de présenter une réunion
de caractères assez imposans pour me croire
dans l'obligation d'établir une nouvelle
classe.

IV. LES ENTOMOSTRACÉS. Muller.

(Classe.) *Entomostracea.*

Les Animaux de cette classe sont différens des Crustacés par un trop grand nombre de caractères essentiels pour qu'il soit possible de les confondre.

Comme je ne connais encore que les détails de quelques genres, je donne ces mêmes détails; mais je ne donne point les caractères spéciaux et constans de la classe, je ne les connais pas. Toutefois, je préviens qu'on lui a rapporté une foule d'Animaux qui doivent nécessairement former *de nouvelles classes.*

G. POLYPHÈME.

Branchies portées sur les arthroméraux des vertèbres locomotrices.

Le test est formé en totalité par la vertèbre optique.

Le *basial* et les *costaux* forment la crête médiane.

Les *polergaux* forment les deux larges pièces latérales.

Les *arthroméraux* forment la majeure partie de la lame inférieure.

Les *arthrocéraux* forment l'espèce de crête située sur le milieu de la lame infé-rieure, et en devant de la bouche.

VERTÈBRE OLFACTIVE. Située avant les appendices locomoteurs, elle forme les deux *palpes* (des auteurs) par ses *arthroméraux* et ses *arthrocéraux*. Ses autres pièces sont peu développées.

VERTÈBRE AUDITIVE. Située derrière la vertèbre optique, et soudée aux vertèbres dorsales, elle laisse assez bien distinguer ses diverses pièces. Elle offre à peu près la même disposition que les vertèbres dorsales.

VERTÈBRES DORSALES. Ces six vertèbres forment une seconde carapace, un test postérieur ; elles sont toutes soudées ensemble et protégent les organes inférieurs. Les pièces *basiales* et *costales* forment la crête médiane ; les *polergaux* forment les pièces latérales ; les *arthroméraux* ne paraissent composés que d'un seul article, et les *arthro-céraux* sont à peine rudimentaires.

9

Vertèbre coccygienne. Elle forme un appendice cylindrique qui se prolonge en un long filet.

Vertèbres locomotives. Ces cinq vertèbres ont leurs polergaux munis de dentelures et d'aspérités, pour opérer la mastication, et dilatés en forme de disques. Les *arthroméraux* forment les organes locomoteurs; les *arthrocéraux* rudimentaires sur les deux vertèbres postérieures.

Vertèbres abdominales. Leurs *polergaux* sont dilatés en larges lames ou feuillets. Les *arthroméraux* et les *arthocéraux*, peu développés, se distinguent sur la ligne médiane de ces lames.

Ainsi ce genre n'a point de vertèbres sensoriales postérieures, point de vertèbres buccales, point de vertèbres post-buccales, et son test est formé par la vertèbre optique.

G. Limule.

La vertèbre *optique* forme le quart antérieur du test, dont les trois quarts postérieurs, ou la presque totalité sont formés par les *polergaux* de la vertèbre *auditive*, qui se développent en arrière, et déjettent sur les côtés les *arthroméraux* et les *arthrocéraux* soudés ensemble.

La vertèbre *olfactive* offre le développement distinct de ses *arthroméraux* et de ses *arthrocéraux;* les arthrocéraux se terminent en un filet bifide. Cette vertèbre est située contre la bouche.

Un grand nombre d'appendices locomoteurs que je n'ai pas étudiés.

ARACHNIDES.

Latr., Lam., Cuv.

IV. MYRIAPODES.

V. JULACÉS.

VI. THYSANOURES.

I. ARACHNIDES.

VII. PARASITES.

II. ERYTHROIDES.

III. ACARIDIENS.

CHAPITRE VIII.

ARACHNIDES. Cuv., Dumér., Lam., Latr.

On comprend dans cette classe plusieurs sections d'Animaux si différentes pour l'organisation et les mœurs, qu'un jour nos descendans seront surpris, ou de notre ignorance, ou de l'excessivement mauvaise formation de nos cadres zoologiques.

Je ne ferai pas ici ressortir tous les vices de cette classification : le simple exposé de ma théorie sera plus éloquent que toutes les paroles imaginables.

Pourtant la marche à suivre était bien simple. Des Entomostracés aux Insectes Diptères la nature avait étendu la longue ligne de toutes ces prétendues Arachnides, pour lier et unir ce qui, dans nos *traités actuels*, paraît si dissemblable.

Mais, il faut le dire hautement, la plupart

des auteurs, à force de vouloir, ou trop généraliser, ou trop spécialiser, ont fini par confondre ensemble les Êtres que la nature s'était complue à différencier par des caractères aussi positifs que faciles à saisir.

I. ARACHNIDES. R.–D. (Classe.)

Arachnidæ.

Point de vertèbres dorsales.

Deux seules vertèbres sensoriales ; l'optique et l'olfactive.

Point de vertèbres buccales ni post-buccales.

Les cinq vertèbres locomotrices ; la première devenue organe de tact.

Circulation plus ou moins composée.

Respiration par des pneumo-branchies ou par des trachées.

Arrivés aux Entomostracés, nous avons vu disparaître toutes les vertèbres buccales et post-buccales, ainsi que la plupart des vertèbres sensoriales. C'est précisément à ce point qu'il faut adapter ma classe des Arachnides. Gardons – nous bien surtout de la confondre avec celle des Parasites, qui comprend des Animaux plus composés, et qui fait la suite naturelle des Insectes.

Les Arachnides, les Acaridiens, les Ery–

throïdes ne nous offriront jamais ni vertèbres dorsales, ni vertèbres sensoriales postérieures. Il serait inutile de les y chercher.

Comme les Squilles, la plupart des Arachnides ont encore une circulation distincte et qui communique directement avec les organes de la respiration.

Mais seules entre tous les Animaux, la plupart des Arachnides possèdent des organes respiratoires spéciaux, que M. Latreille nomme *Pneumo – Branchies*. Ce sont des trachées, ouvertes sous l'abdomen, qui conduisent l'air dans de petites poches munies de petites lames saillantes et vasculaires.

Le seul caractère constant des Arachnides est d'avoir deux mâchoires formées par la vertèbre olfactive, avec les cinq vertèbres locomotrices des *Crustacés décapodes*.

C'est l'existence de la vertèbre olfactive qui distingue éminemment cette classe. Cette vertèbre ne s'observe plus sur les Erythroïdes, ni sur les Acaridiens ; et certainement d'autres caractères plus importans les séparent des Entomostracés.

Mais les Arachnides forment une classe bien supérieure pour la perfection des principaux organes, ceux de la respiration dont j'ai déjà parlé, et ceux de la circulation, le cœur envoyant des vaisseaux aux pneumo-branchies.

Mais ce mode de respiration n'appartient pas à toutes les Arachnides. Les Phalangides et les Pseudo-Scorpions continuent de res-pirer par des trachées bicordonnées.

Ainsi la respiration et la circulation ne peuvent pas être prises pour bases princi-pales des caractères de cette classe.

Ce qui, au premier coup-d'œil, distingue une Arachnide, c'est la vertèbre optique étendue en test sur le tiers antéro-supérieur du corps, et formant des yeux variables pour leur nombre et leur position. Elle se soude en arrière avec les costaux réunis des dernières vertèbres locomotrices. Son test empêche le développement des costaux des premières de ces vertèbres.

Sous ce test optique se développe la ver-tèbre *olfactive* qui, par ses arthroméraux et ses arthrocéraux, forme deux instrumens propres à saisir et à tuer la proie, puisqu'ils sont percés au sommet, et traversés par un canal vénénifère. (*Ce sont les mandibules des auteurs.*)

On demandera peut-être pourquoi cette

vertèbre est plutôt l'olfactive que toute autre. Cette question n'est pas très-difficile à résoudre. Cette vertèbre se développe toujours sous la vertèbre optique, et jamais en arrière comme les autres. En outre, le genre Galéode offre souvent sur elle le filet cartilagineux, déjà signalé aux antennes des Crustacés. Sur le genre Nymphon, cette même vertèbre est placée immédiatement entre les yeux et l'organe buccal.

La bouche s'ouvre entre cette vertèbre et la première vertèbre locomotrice des Astaciens. Je n'ai jamais pu signaler aucun organe solide dans cette bouche. Mais M. Savigny, plus heureux et plus patient, y a retrouvé les vestiges des vertèbres post-buccales du Homard et du Crabe.

Après cette bouche, la première vertèbre locomotrice des Astaciens forme ici, à l'aide de ses arthrocéraux, deux longs bras, désignés sous le nom de *palpes*, et qui, sur les Aranéïdes mâles, portent les organes de la copulation. La réunion des arthroméraux et des arthrocéraux de cette vertèbre forme les deux pinces du Scorpion. Cette vertèbre, qui naît derrière le test optique, ne me paraît pas avoir des costaux développés.

Les quatre vertèbres locomotrices postérieures des Astaciens forment les quatre
paires d'appendices locomoteurs des Arachnides. Ces quatre vertèbres, assez pressées
vers le sommet, semblent se souder ensemble
à l'aide de leurs costaux, qui se soudent
également avec le test optique, et qui alors
paraissent former une sorte de petit test :
et voilà ce qu'on a nommé *le corselet* des
Arachnides!!

On doit signaler ici la portion basilaire de
la deuxième de ces vertèbres qui sert à la
mastication, en formant deux petites lames
avancées et dentelées sur les bords, tandis
que les polergaux de la première vertèbre
(des palpes) sont plus gros et hérissés d'aspérités, comme on l'a déjà vu sur les Poly-
phêmes.

Sur les Scorpions, le basial, devenu
organe actif de mastication, peut entièrement se diviser en deux pièces. La première
vertèbre abdominale de ces mêmes Animaux
forme les deux peignes par ses arthroméraux
qui peuvent demeurer articulés. Les polergaux de leurs vertèbres abdominales con-
tiennent les organes respiratoires : les costaux forment le dos de chaque vertèbre.

LES PICNOGONIDES. Latr., Lam. (Tribu.)

Les Animaux de cette section appartiennent réellement à la classe des Arachnides, quoiqu'ils semblent s'en écarter sous plusieurs points de vue. Ils se composent d'espèces aquatiques qui représentent assez bien les Ranâtres des Hémiptères, et qui doivent respirer par une ouverture anale.

Leur bouche consiste en un petit tube cylindrique, perforé en son milieu, qui peut-être recèle quelques organes masticateurs, mais qui peut-être aussi ne sert qu'à pratiquer le vide et à faire la succion.

Je n'ai jamais vu les genres Picnogonon et Phoxichle; mais j'ai particulièrement étudié le genre Nymphon, dont je donne ici l'exacte description. Il m'a fourni les plus précieux renseignemens.

Ce genre prouve d'une manière décisive que les Arachnides n'ont point de vertèbres dorsales. Il offre le développement successif et par segmens cylindriques des diverses vertèbres qui composent son corps.

Il est encore très-utile à étudier en ce qu'il démontre que c'est la vertèbre olfactive

qui forme les mandibules des Arachnides;
car cette même vertèbre est développée en
pinces, afin qu'il ne nous reste pas le moindre doute à cet égard. On peut encore distinguer sur ce genre les rudimens de la vertèbre auditive.

G. NYMPHON. Latr., Lam., Savig.

Corps filiforme, dont tous les segmens sont placés successivement
à la suite les uns des autres.

1. La vertèbre *optique* forme le sommet
du segment antérieur de l'Animal. Les yeux
sont portés sur un petit pédicule.

2. La vertèbre *olfactive*, qui occupe le
milieu de ce segment antérieur, fournit deux
appendices bien développés, pluriarticulés,
terminés par un crochet. (Ce sont *les mandibules* des auteurs.)

3. Sous la vertèbre olfactive, un peu avant
le tube buccal, paraît la vertèbre *auditive* qui
ne fournit que deux appendices très-petits.
C'est peut-être le seul vestige de cette vertèbre qu'on puisse saisir dans la classe des
Arachnides.

4. La bouche est formée par un petit tube

avancé, cylindrique, ouvert dans son mi‑
lieu, et qui ne m'a laissé distinguer nul
organe masticateur.

5. Après ce tube viennent cinq vertèbres
munies d'appendices locomoteurs : ce sont
les cinq vertèbres locomotrices des Crustacés
astaciens. Ici, comme sur presque toutes les
Arachnides, la première de ces vertèbres dé‑
veloppe ses pièces arthrocérales et fournit
deux appendices palpiformes.

L'abdomen ne consiste qu'en un tube
cylindrique extrèmement petit.

DIVISION DES ARACHNIDES.

I. Respiration par des pneumo‑bran‑
chies.

Circulation plus composée.

A. Organes des filières contenus dans
l'abdomen.

LES ARANÉIDES.

B. Point de filières à l'abdomen.

LES SCORPIONIDES.

C. Respiration par l'anus.
Corps effilé.

LES PICNOGONIDES.

II. Respiration trachéale.

A. Corps divisé en trois segmens distincts.

LES PSEUDO-SCORPIONS.

B. Segmens du corps confondus.

LES PHALANGIDES.

II. ERYTHRÉIDES. R.–D. (Classe.)

Erythreidæ.

Respiration trachéale.

Une seule vertèbre sensoriale ; l'optique.

Organes de mastication et de tact formés par les deux premières vertèbres locomotrices.

Cette classe comprend une série d'Animaux qui démontre clairement les anomalies et les inconséquences de la distribution zoologique actuelle.

On ne s'est point contenté de placer ces Animaux parmi les Arachnides, on les a encore confondus dans la même série que les Ixodes et les Cheylètes ; mais ils offrent des caractères qui en font une classe spéciale, intermédiaire aux Acaridiens et aux Arachnides.

Ces Animaux, outre l'absence des vertèbres dorsales et des trois vertèbres sensoriales postérieures, n'ont ni vertèbre auditive, ni vertèbre olfactive, ni vertèbre labiale, ni vertèbre maxillaire ; ils ne possèdent que la vertèbre optique. Ils diffèrent donc beaucoup des Acaridiens, qui ont la bouche formée par la vertèbre labiale et la vertèbre maxillaire. Les Arachnides offrent la vertèbre olfactive.

La vertèbre optique est peu développée.

L'absence des quatre vertèbres mentionnées forme un vide, un intervalle entre les appendices de la préhension et les yeux : au milieu de cet intervalle se trouve l'orifice de la bouche.

Il en résulte que ces Animaux ne possèdent plus que les cinq vertèbres locomotrices des Crustacés décapodes.

La première de ces vertèbres (*les mandibules*) fournit, à l'aide de son arthroméral, un organe propre à saisir et à tuer la proie ; il est en crochet ou en pince. On y voit en outre un appendice mobile, palpiforme, formé par l'arthrocéral : cette vertèbre représente la paire de mâchoires des Insectes broyeurs.

La seconde de ces vertèbres (*lèvre inférieure des Insectes*) fournit deux arthrocéraux allongés, palpiformes, qui constituent les *palpes* des auteurs.

Enfin les trois autres vertèbres donnent des appendices propres, soit à la locomotion terrestre, soit à la locomotion aquatique selon les espèces.

Sur ces Animaux, la singulière conformation de l'abdomen semble occuper presque tout le corps.

Sur les Hydrachnes les costaux se solidifient, se soudent et forment une sorte de test.

III. LES ACARIDIENS. R.–D. (Classe.)

Acaridii.

Respiration trachéale.

Point de cœur.

Une seule vertèbre sensoriale; l'optique.

Bouche formée par la vertèbre labiale
et la vertèbre maxillaire.

Les cinq vertèbres locomotives, dont
la première est organe de tact.

Rarement six pates.

Rarement la non-existence de la bouche.

Sous le nom d'Acaridiens, on a encore
placé parmi les Arachnides un grand nombre, d'Animaux qui, non-seulement n'appartiennent point à cette classe, mais qui,
comparés entre eux, renferment des classes
différentes (*les Acaridiens et les Érythreï-
des*), ainsi que le plus simple examen suffit
pour le prouver.

La nouvelle classe d'Animaux que je désigne sous le nom d'Acaridiens, suit immédiatement celle des Parasites, dont elle ne dif-

fère essentiellement que par l'absence de la vertèbre olfactive, et par le développement différent des organes qui constituent la bouche.

En effet, la vertèbre *olfactive*, ainsi que la vertèbre *auditive*, a tout-à-fait disparu, il n'en reste pas le moindre vestige; la vertèbre *optique* paraît même avoir déjà subi des modifications telles, que plusieurs auteurs ont avancé, mais à tort, que ces Animaux n'ont point d'yeux : ceux-ci existent toujours, souvent même ils sont très-développés sur les côtés; souvent aussi on a de la peine à les distinguer. Le basial de cette vertèbre forme la plaque dorsale du premier segment (*ou de la tête*) de l'Animal.

La vertèbre *labiale* (*labre* des Insectes) est très-développée; elle forme deux tiges ou lames latérales qui, réunies à une autre lame inférieure, constituent l'appareil buccal de ces Animaux; cette lame inférieure est elle-même formée par la vertèbre *maxillaire* (*les mandibules*), dont les appendices sont aussi soudés et très-peu développés.

La première vertèbre *locomotrice* des Crustacés astaciens (*les mâchoires des Insectes*) donne ici la paire d'appendices qu'on

désigne sous le nom de *palpes*. Sur les Cheylètes, les pièces appendiculaires de cette
vertèbre forment deux forts appendices terminés en pinces.

La seconde *vertèbre* locomotrice des Crustacés astaciens forme ici ce que les auteurs
nomment la première paire de pates : elle
correspond à la lèvre inférieure des Insectes.

Les trois autres vertèbres locomotrices
correspondent aux *pates* des Insectes et aux
trois dernières paires de *pates* des Ecrevisses.

Il est inutile de rappeler que ces Animaux n'ont point de vertèbres dorsales.

Mais cette classe peut offrir des modifications qu'il importe de signaler. A mesure
que les Animaux qui la composent deviennent plus petits, ils semblent aussi avoir besoin d'une organisation moins compliquée ;
ils perdent alors les deux premières vertèbres locomotrices (*máchoires et lèvre inférieures des Insectes*), sur les Caris et les
Leptes ; la bouche même paraît ne plus exister sur les Astômes. Il ne faut donc point
s'en laisser imposer par l'absence de ces organes.

Elle ne renferme également que des Animaux parasites.

IV. LES PARASITES. R.–D. (Classe.)

Parasitæ.

Point de métamorphoses.

Respiration trachéale.

Deux vertèbres sensoriales ; l'optique et l'olfactive.

Bouche formée par la vertèbre labiale et la vertèbre maxillaire.

Cinq à trois vertèbres locomotrices.

Les Naturalistes ont toujours été partagés d'opinion sur la véritable place de ces Animaux ; les uns les rangent à la suite des Insectes, les autres en font des Arachnides.

Les Parasites ne sont pas des Insectes, parce qu'ils ne subissent aucune métamorphose, et parce qu'ils ne possèdent point les trois vertèbres sensoriales postérieures ; mais aucun de leurs caractères ne peut en faire des Arachnides.

L'étude approfondie des Insectes nous montre que pour les mâchoires et la lèvre inférieure, leur bouche est formée par les deux premières vertèbres locomotrices des Crustacés astaciens. Ces mêmes Insectes renferment une section qui, par des nuances insensibles, mais que l'œil ne tarde point de signaler, nous amène directement à nos Parasites ; ce sont les *Diptères coriaces*, également Parasites, et organisés de telle façon, que sans leurs ailes et la forme de leur bouche, il serait souvent impossible de n'en pas faire des Poux ou des Ricins.

Nos *Parasites* ont de véritables antennes ; ils ont une bouche formée par le labre et les mandibules des Insectes ; ils ne peuvent donc rester parmi les Arachnides.

Dans ma méthode, ils forment une classe qui suit immédiatement les Insectes par les Diptères coriaces.

Les caractères que je vais leur assigner ne laisseront aucun doute à cet égard.

La *vertèbre optique* forme, par son basial et ses costaux, la plaque solide qu'on voit sur le dos du premier segment, et qu'on nomme la *tête* de l'Animal. Les yeux sont situés sur les côtés, et plus ou moins en arrière.

La *vertèbre olfactive* est représentée par

deux filets antennaires, situés sous les yeux
et en devant de la vertèbre optique; sur
certaines espèces, ces antennes forment deux
forts appendices, terminés chacun par un
crochet.

La *bouche* se compose des mêmes pièces
que celle des Insectes, mais ces pièces sont
moins nombreuses; déjà les Diptères coriaces
nous amènent à ce résultat.

Ici la bouche est fermée en avant par une
lèvre supérieure, peu développée, qui est
la vertèbre *labiale*, et par deux pièces latérales qui représentent les branches de la
vertèbre *maxillaire*.

(M. Latreille a vu, dans l'intérieur de
cette bouche, des petites pièces solides, mobiles pendant la succion. Je ne prononcerai
point sur leur véritable nature, mais je dois
prévenir qu'elles appartiennent à l'appareil
post-buccal des Crustacés astaciens.)

La plupart des Parasites n'offrent plus,
ou ne semblent plus offrir que trois paires
d'appendices locomoteurs, correspondans à
ceux des Insectes; mais il n'est point difficile, sur le *Ricinus melas*, de distinguer
deux petits segmens, portant chacun deux
appendices également très-petits. Ce sont les

deux premières vertèbres locomotrices des Crustacés astaciens, c'est-à-dire les deux vertèbres qui forment les mâchoires et la lèvre inférieure des Insectes. Ces deux pièces d'appendices sont probablement les *mâchoires* observées par M. Savigny.

C'est ainsi, et seulement ainsi, qu'on doit expliquer l'organisation appendiculaire de ces Animaux, qui respirent par des stigmates, qui n'ont pas de vrai corselet, et dont l'abdomen est susceptible de se laisser gonfler par des liquides. Ils conduisent directement aux Acaridiens, autres Parasites, mais plus rapprochés des vrais Arachnides.

Je ne dois point quitter ces Animaux sans remarquer que le second segment de la locomotion, ou le segment intermédiaire, est ici moins développé que les deux autres segmens. C'est précisément le contraire de ce qui a lieu sur les Insectes, où ce même segment acquiert de grandes dimensions afin de pouvoir supporter les appendices de la locomotion aérienne.

V. MYRIAPODES. R.–D. (Classe.)

Myriapodœ.

Respiration trachéale.

Point de vrai cœur.

Point de vertèbres dorsales.

Point de vertèbres sensoriales posté-rieures.

Les trois vertèbres sensoriales anté-rieures.

Bouche composée de cinq vertèbres.

Nombre véritable d'appendices loco-moteurs.

Je me suis souvent demandé quel rapport a jamais pu exister entre ces Animaux et les Arachnides ; il a fallu, de la part des Natu-ralistes, une forte dose de bonne volonté pour se prêter aussi long-temps à cet ordre de distribution.

Ces Animaux ont la bouche très-compli-quée, puisqu'elle est formée de la réunion de cinq vertèbres. On leur distingue aussi les trois vertèbres sensoriales antérieures, et l'on n'a pas craint de les mettre dans la classe des Arachnides.

Ces Animaux ont encore un caractère qui aurait dû à jamais les faire séparer des Arachnides ; le nombre de leurs segmens est indéfini. Sous ce point de vue on pourrait dire qu'ils sont aux Arachnides ce que l'ordre des Ophidiens est aux Reptiles. Mais la comparaison ne serait pas exacte ; les caractères des Reptiles offrent tous les caractères attribués à leur classe, tandis que les Myriapodes n'ont aucun de ceux attribués à la classe des Arachnides.

Plus j'examine ce sujet, plus je m'étonne de la légèreté qui préside à la distribution zoologique.

Les Myriapodes n'ont de commun avec les Arachnides que d'avoir des yeux, encore sont-ils différens, et de ne posséder aucune vertèbre dorsale.

Chaque segment de leur corps est composé d'un large basial, sur les côtés duquel se trouvent les polergaux avec l'ouverture stigmatique et les pièces arthromérales qui forment les appendices de la locomotion. Les arthrocéraux, peu développés, sont refoulés en devant, sur les côtés et au-dessus du segment, dont le dos est formé par la réunion des costaux.

Il ne faut chercher, sur ces Animaux, aucun vestige des vertèbres sensoriales postérieures.

Ainsi que je l'ai dit, les trois vertèbres sensoriales antérieures existent, mais la vertèbre auditive n'est pas toujours manifeste, elle est souvent soudée. La vertèbre optique forme le dessus du premier segment ou de la *tête* de l'Animal, tandis que la vertèbre olfactive forme le devant et les côtés de cette tête, jusque contre la bouche.

La bouche se compose ainsi : 1°. La vertèbre labiale, qui en forme la paroi antérieure (*lèvre supérieure*), et qui est un peu dentelée ; 2° la vertèbre maxillaire (*mandibules*) à appendices garnis de dentelures, et souvent cachée par la vertèbre labiale. 3°. La première vertèbre locomotive des Crustacés astaciens (*les mâchoires des Insectes*), forme ici l'organe qu'on nomme *la lèvre intérieure*, et qui offre des palpes. 4°. La seconde vertèbre locomotrice des Crustacés astaciens (*lèvre inférieure des Insectes*) forme ici une autre *lèvre intérieure*, qui offre également des palpes. 5°. La troisième vertèbre locomotrice des Crustacés (*première paire de pates des Insectes*) forme ici cet appareil qu'on nomme la *lèvre extérieure*, qui est très-développée; son basial est dentelé en devant, ses arthroméraux forment deux crochets propres à saisir et à tuer. On a donc ici une bouche très-compliquée, et qu'il importe de signaler.

Ces Animaux ont la faculté d'augmenter avec l'âge le nombre de leurs segmens, car à leur naissance on ne leur en compte que quelques-uns.

Quelle place doivent-ils occuper? Ce point paraît assez difficile à résoudre.

1°. On ne peut les confondre avec les Crustacés, soit pour la respiration, soit pour le nombre et la nature des segmens vertébraux.

2°. Leur mode de croissance et le nombre de leurs segmens les distinguent notamment des Insectes qui subissent des métamorphoses.

3°. Ils n'ont de commun, avec les Arachnides, que l'absence totale des vertèbres dorsales.

Mais les Entomostracés, par le genre *Limule*, qui possède un très-grand nombre d'appendices locomoteurs, nous indiquent clairement la place qu'il convient d'adopter. La composition de la bouche des Myriapodes nous ramène encore à cette opinion.

Je place donc mes Myriapodes à côté des Limules, et je trouve une quadruple division zoologique. 1°. Le rameau qui se poursuit en donnant les Entomostracés inférieurs ; 2° le rameau qui donne les Crustacés isopodes ; 3° la division qui fournit les Arachnides ; 4°. la division qui fournit mes Myriapodes qui, suivis des Julacés et des Thysanoures, établiront un cordon entre les Crustacés et les Insectes, et où les Vers et les Annelides viendront peut-être apporter des points de corrélation.

VI. LES JULACÉS. R.–D. (Classe.)

Julaceæ.

Respiration trachéale.

Point de vertèbres dorsales, ni de vertèbres sensoriales postérieures.

Les trois vertèbres sensoriales antérieures.

Bouche formée par trois vertèbres.

Quatre vraies vertèbres locomotrices.

Nombre indéterminé de vertèbres géminées et locomotrices.

Ces Animaux, malgré leur affinité avec les Myriapodes, forment une classe particulière qu'il importe de saisir, si l'on veut fidèlement suivre le plan adopté par la nature.

Ils diffèrent des Myriapodes par plusieurs caractères essentiels : 1° ils n'ont que trois vertèbres dans la composition de leur bouche; 2° ils ont quatre vraies vertèbres locomotrices ; 3° leurs vertèbres postérieures, en nombre très-variable, sont géminées.

La vertèbre optique, la vertèbre olfactive, sont bien développées ; à peine quelques vestiges de la vertèbre auditive sur les plus grosses espèces.

Voici la composition de la bouche : 1° la vertèbre labiale, qui forme le labre ; 2° la vertèbre maxillaire, qui est latérale (*les mandibules*) et souvent soudée avec la vertèbre labiale ; 3° la première vertèbre locomotrice des Crustacés astaciens (*première lèvre interne des Myriapodes*, *mâchoire des Insectes*) forme ici l'organe désigné sous le nom de *lèvre inférieure*. Cette vertèbre est ainsi composée : le basial sur la partie médio-postérieure ; les costaux denticulés antérieurement ; les polergaux tout-à-fait postérieurs, et donnant naissance aux arthroméraux qui, au lieu de former des palpes effilés, se sont dilatés, et qui fournissent les arthrocéraux peu développés.

Les quatre premières vertèbres de la locomotion représentent les quatre vertèbres locomotives postérieures des Crustacés astaciens. Les organes de la génération appartiennent au segment qui les suit.

Toutes les autres vertèbres, en nombre indéfini, sont géminées, c'est-à-dire que chacune d'elles est formée de la réunion de deux vertèbres complètes ; ce qui a fait dire aux zoologistes que chaque segment offre deux paires de pates.

VII. LES THYSANOURES. R.–D. (Classe.)

Thysanouræ.

Point de métamorphoses.

Deux vertèbres sensoriales antérieures: l'optique et l'olfactive.

Bouche formée par la vertèbre labiale, la vertèbre maxillaire, et les deux premières vertèbres locomotrices des Crustacés astaciens.

Trois vertèbres locomotrices.

Appendices spéciaux pour la saltation.

Si ces Animaux subissaient des métamorphoses, ils seraient de véritables Insectes. Ils en offrent tous les principaux caractères. Ils forment une classe bien naturelle, qui conduit des Insectes aux Myriapodes.

Ils ont deux vertèbres sensoriales antérieures : l'optique et l'olfactive.

Sur les genres les plus parfaits, la bouche est absolument composée des mêmes pièces que celle des Insectes. La vertèbre labiale pour le labre; la vertèbre maxillaire pour les mandibules ; les deux premières vertèbres locomotrices des Crustacés astaciens pour les mâchoires et la lèvre inférieure : tout ceci a lieu sur les Insectes.

Nous avons vu que la bouche des Myriapodes se compose de cinq vertèbres , tandis que celle des Julacés n'en offre que trois.

Les trois vertèbres locomotrices des Thysanoures correspondent exactement à celles des Insectes , c'est-à-dire aux trois vertèbres locomotrices postérieures des Crustacés astaciens.

Ainsi il est impossible d'éloigner ces Animaux de la classe des Insectes. Mais il faut bien se garder de les confondre avec eux. Ils correspondent à une branche qui partirait de la tribu des Cicadaires.

Tous les Thysanoures n'ont pas une bouche aussi parfaite que celle que je viens de mentionner. Le labre et la lèvre inférieure manquent sur plusieurs genres.

Les appendices de saltation qui distinguent ces Animaux sont formés par les pièces arthromérales des vertèbres postérieures de leur corps.

CHAPITRE IX.

CLASSE DES INSECTES.

Sous quelque point de vue que nous considérions les classes des Insectes, nous n'aurons jamais assez d'admiration pour les contempler et pour les étudier comme ils le méritent. La Puissance qui prit plaisir à ordonner leurs tribus, à multiplier à l'infini leurs genres, leurs espèces et leurs individus, à leur assigner des mœurs toujours différentes, et toujours en harmonie avec leur organisation, est au-dessus de toutes les puissances que notre imagination peut se figurer.

Ici il faut se taire devant l'immensité des créations et des résultats. Vouloir hasarder une opinion, c'est presque avoir la certitude qu'on veut émettre une sottise.

Jusqu'à ce jour leur étude est un abîme sans fond. Plus nous les observons, plus

nous les trouvons inépuisables pour le nombre
et la diversité. Les ressources de la nature
dans leur création sont si prodigieuses, que
nous n'avons pas assez d'espace dans notre
intelligence pour pouvoir les soupçonner. Il
faut que des preuves journalières viennent
sans cesse nous rappeler les limites étroites
de nos idées, et l'infini de la cause forma-
trice.

Gloire donc aux hommes laborieux qui
ne craignent pas d'aborder l'Entomologie en
face, et qui ont résolu de la poursuivre
jusque dans ses moindres détails !

Je suis encore jeune; mais je crois déjà
avoir acquis assez d'expérience pour déclarer
que cette science doit marcher dans de nouvelles voies, si on veut la faire parvenir à
une perfection que ni nous, ni nos plus
proches descendans n'aurons le bonheur
d'admirer. Si l'on se figurait tout ce que la
connaissance d'une seule race exige d'études
primitives, de soins, de persévérance et de
talent d'observation ! Nous ne nous en faisons
pas même une idée. Que m'importe l'habit
d'un Insecte, si j'ignore ses relations avec
les autres Êtres, si même je ne connais point
la texture de cet habit ?

Les Insectes, envisagés sous le rapport de la classification, constituent la classe la plus naturelle et la mieux tranchée que nous ayons établie en zoologie. Plusieurs métamorphoses à l'état de jeunesse, trois vertèbres locomotrices à l'état parfait, ordinairement deux vertèbres sensoriales pour la respiration aérienne, la respiration trachéale, forment un ensemble de caractères constans et faciles à saisir.

Mais notre surprise et notre admiration doivent redoubler, lorsque nous songeons que tous ces Animaux sont toujours formés avec le même nombre d'élémens vertébraux, avec les mêmes vertèbres, et qu'*ils ne diffèrent entre eux que par le développement relatif et la disposition de ces vertèbres.*

Aussi les ordres, dans lesquels ils sont répartis, me paraissent assez naturels pour que je n'y touche point pour le moment. *Un jour je soulèverai plusieurs questions à leur égard.* Ces Animaux présentent, en effet, une foule de modifications qui n'ont point été ou qui ont été mal saisies, et qui vont acquérir de l'importance. Je me bornerai ici à l'exposé rapide des principaux caractères, et je signalerai des différences d'organisation qu'on ne leur accordait point.

Comparés entre eux, ils sont formés sur un modèle identique. Mais envisagés pour le nombre et la nature des vertèbres, ils montrent des différences peu importantes pour les résultats philosophiques, mais que nous devons nous empresser de saisir, précisément à cause de leur existence.

La même définition vertébrale ne peut s'étendre à tous ces Êtres : ainsi la majeure partie d'entre eux manquent de vertèbres dorsales qui certainement existent sur la plupart des Orthoptères et sur les Cicadaires.

La même définition vertébrale ne peut pas non plus s'étendre aux divers états des Insectes. Ainsi la larve d'une Mouche, d'un Charanson, d'un Papillon, n'a point de vertèbres locomotrices aériennes, tandis que ces mêmes vertèbres existent déjà sur les larves des Libelles, des Criquets, des Sauterelles, de la plupart des Hémiptères. Certaines larves, comme celles des Blattes, ont même des vertèbres dorsales.

Ces considérations m'amènent à placer les Insectes sur la même ligne que les Crustacés, mais quelques degrés plus bas, parce qu'ils ne montrent réellement plus un pareil nom-

bre d'élémens vertébraux : mais ils sont supérieurs aux Entomostracés et aux Arachnides.

J'ai annoncé que les vertèbres dorsales
manquent ordinairement sur les Insectes.
Elles sont remplacées par les costaux et les
arthrocéraux des vertèbres abdominales.

Mais les Insectes ont un appareil qui leur
appartient en propre, et qui leur procure
l'avantage de la locomotion aérienne. Cette
locomotion s'exécute à l'aide de la dilatation
membraneuse des arthroméraux et des arthrocéraux des deux vertèbres sensoriales
postérieures, qui sont la vertèbre motile et
la vertèbre sonore. Ces mêmes pièces existent
pour la vertèbre gustale; mais comme elles
sont moins développées et ordinairement
atrophiées, on ne s'est guère donné la peine
d'en tenir compte.

Ainsi le test des Crustacés forme les organes de la locomotion aérienne des Insectes.
Les trois vertèbres de ce test sont ici soudées
avec les vertèbres de la locomotion terrestre
et aquatique.

Telle est la véritable origine des *ailes* des
Insectes : il ne faut pas la chercher ailleurs.

Sur les Cigales et sur un grand nombre

de Diptères, la vertèbre *sonore* est rappelée à sa fonction primitive (*ce qui sera bientôt l'objet d'un travail particulier*) : la vertèbre motile des Diptères nous fait déjà songer au cervelet des Animaux supérieurs.

Les Insectes n'ont que deux vertèbres sensoriales antérieures : la vertèbre optique ordinairement très-développée, et la vertèbre olfactive qui n'est plus qu'un organe de tact, mais susceptible d'acquérir des perfections inattendues.

La vertèbre optique fournit les singuliers prolongemens cornés qu'on observe sur la tête des Scarabéides; ces prolongemens sont dus au développement des arthroméraux et des arthrocéraux. Ils n'appartiennent qu'à des Insectes herbivores ou coprophages.

La vue est l'organe de sens qui prédomine sur ces Animaux.

Je n'ai encore pu leur signaler aucun vestige de la vertèbre auditive.

Les Insectes sont encore d'une infériorité plus marquée pour ce qui concerne les vertèbres de la mastication. Ils ont un appareil buccal parfois très-compliqué, mais qu'on doit toujours rapporter aux quatre mêmes vertèbres.

La première, qui forme le labre, est la vertèbre labiale des Crustacés.

La seconde, qui constitue les mandibules, est la vertèbre maxillaire des Crustacés.

La troisième, qui constitue les mâchoires, est la première vertèbre locomotrice des Crustacés.

La quatrième, qui forme la lèvre inférieure, est la seconde vertèbre locomotrice des Crustacés.

Ainsi les Insectes ne possèdent ni vertèbres buccales internes, ni vertèbres post-buccales. Leur appareil de mastication est composé par les deux premières vertèbres des Crustacés. Plusieurs genres, et notamment un grand nombre de Lépidoptères diurnes, ne laissent pas le moindre doute a cet égard. Quelques naturalistes avaient déjà énoncé cette opinion.

Il en résulte que ces Animaux n'ont plus que les trois dernières vertèbres locomotrices des Crustacés pour leur locomotion terrestre ou aquatique.

Les vertèbres abdominales existent toujours, mais leurs pièces, presque toujours confondues , ne se disjoignent guère que pour former l'appareil génital des mâles, ou l'appareil de l'oviducte des femelles, ou divers autres instrumens.

Ces vertèbres abdominales méritent notre attention sous plusieurs points de vue que je ferai connaître plus tard.

La nature se complut à varier les instrumens buccaux des Insectes. Chaque ordre présente une disposition particulière qui désormais doit servir à le caractériser. Ainsi la lèvre inférieure forme la trompe des Hyménoptères; les mâchoires forment celle des Diptères : les mandibules constituent celle des Lépidoptères; tandis que l'association de ces vertèbres forme les bouches si compliquées des Insectes broyeurs et coupeurs.

Ces organes buccaux sont susceptibles d'acquérir une perfection de sensibilité exquise, surtout lorsqu'ils forment des lames ou des tubes allongés, qu'on désigne sous le nom générique de *trompes*.

§ 1er.

CONSIDÉRATIONS
SUR LES AILES DES INSECTES.

(Extrait d'un travail manuscrit.)

Je ne donne ici que l'extrait des principales généralités que comporte ce sujet si
vaste et si compliqué, qu'il exige un travail
spécial, dont je m'occupe depuis quelques
années, et qui fera connaître les véritables
différences existant entre les divers appendices de la locomotion aérienne des Insectes ,
appendices qu'on nomme improprement les
ailes. Il nous fournira une foule de nouveaux
caractères pour établir des divisions solides
parmi ces Animaux.

D'après ma manière de considérer les
organes, les ailes des Insectes sont formées
par les trois vertèbres qui constituent le test
des Crustacés, et *elles représentent les trois
vertèbres sensoriales postérieures des Animaux supérieurs*. Ce n'est pas ici le lieu de
revenir sur cette opinion manifestement démontrée pour moi.

Le plus léger coup-d'œil prouve que le

corps (le basial, les costaux et les polergaux)
des ailes dites antérieures et des ailes dites
postérieures, est formé des mêmes élémens
et presque de la même manière que les corps
des vertèbres du test des Crustacés. Il suffit
d'examiner les Blattides, les Cimicides, les
Mantides, pour ne conserver aucun doute à
cet égard.

Les arthroméraux et les arthrocéraux du
test des Crustacés restent donc seuls à employer. Ils forment la portion ou les portions qui servent au vol ; ils forment les ailes.
Comme ils entrent de différentes manières
dans la composition et dans la formation de
ces ailes, il en résulte une étude nouvelle
des ailes. Cette étude nous donnera une définition exacte de ces organes ; elle précisera
des caractères déjà employés pour classer
ces Animaux. Ainsi les mots de *Coléoptère*,
de *Diptère*, d'*Hyménoptère* pourront rester
dans la science : mais il deviendra nécessaire
de *leur adjoindre une nouvelle signification
provenant d'idées et d'observations nouvelles*.
Jusqu'à présent on ne les avait définis que
d'après des aperçus grossiers et extérieurs :
maintenant on les jugera d'après leur organisation même.

(174)

Les ailes des Insectes, envisagées sous ces points de vue, pourront être employées comme caractères de grande importance. Quand on saura que l'aile d'un Hyménoptère n'offre pas la même composition que celle d'un Orthoptère, on se trouvera sur un caractère d'autant plus précieux, qu'il sera essentiellement organique.

Car, il ne faut pas nous faire illusion, les races innombrables des Insectes doivent d'abord être classées d'après les mœurs de leurs larves. Si l'on s'obstine à les distribuer d'après la figure passagère de leur être parfait, les organes buccaux nous fourniront des caractères très-importans, mais en même temps si trompeurs, qu'ils nous conduiraient sur des classes tout-à-fait différentes, ainsi que Fabricius en fit la triste expérience. Cet inconvénient s'applique plus particulièrement à la théorie aujourd'hui adoptée : un des principaux avantages de celle que je propose, est de montrer que les organes buccaux varient, non-seulement selon les classes des Animaux articulés, mais encore selon les ordres de chaque classe. La nature voulut que tout Animal articulé eût les mêmes organes pour cette même fonction :

mais elle fit exécuter cette fonction par des vertèbres ou appareils vertébraux différens selon les races.

Parmi les Animaux articulés, les seuls Insectes possèdent des ailes à l'état parfait : seuls ils peuvent se soutenir dans l'espace atmosphérique. Les organes qui leur donnent ce privilége, doivent donc représenter leurs principaux caractères, leurs vrais caractères d'Insectes, ceux qui les constituent ce qu'ils sont, et qui ne doivent appartenir à aucune autre classe : de même que, parmi les Animaux supérieurs, les Oiseaux seuls ont des ailes, de même parmi les Animaux articulés, les Insectes ont un système d'organes qu'on ne trouve que sur eux.

Rien de plus simple que la composition de ces organes locomoteurs. Nous savons que les arthroméraux et que les arthrocéraux des Animaux inférieurs se fractionnent davantage à mesure qu'ils agissent sur le monde extérieur. Les antennes et les pates des Crustacés le prouvent de la manière la plus évidente. Le même fait s'observe sur les vertèbres sensoriales postérieures des Insectes.

Chaque fractionnement arthroméral ou

(176)

arthrocéral s'allonge ; les fractionnemens ,
au lieu de s'ajuster bout à bout, se placent
à côté les uns des autres, et se trouvent
réunis entre eux par une substance membraneuse, à peu près comme le membre tho-
racique des Cheiroptères. Il en résulte une
surface susceptible de soutenir l'Animal sur
l'air, en même temps qu'elle peut lui résister
et le fendre par l'épaisseur de son bord antérieur.

Pour des raisons faciles à concevoir et à
exprimer, les deux vertèbres sensoriales
postérieures (la sonore et la motile) portent
seules des organes de locomotion. Si je voulais m'exprimer dans le langage ordinaire,
je dirais que les Insectes n'ont qu'une ou
deux paires d'ailes situées sur les côtés du
mésothorax et du métathorax, ou du seul
mésothorax.

Une cause que je ne dois pas omettre, c'est
que, presque toujours, l'aile qui dirige le
vol appartient au métathorax (vertèbre
motile). Celle du mésothorax peut être d'une
complète inutilité : elle peut cependant être
nécessaire à cette fonction, comme les Diptères le démontrent ; mais le vol est alors
gouverné par un autre organe. L'aile posté-

rieure est l'aile essentielle ; l'aile antérieure
ne fait réellement que l'aider, quoique souvent elle paraisse jouer, et que même elle
joue le rôle principal.

Ce ne fut point le hasard qui plaça ces
organes de locomotion dans l'endroit où ils
se trouvent. Ils appartiennent précisément
à la vertèbre motile, à cette vertèbre qui,
selon moi, correspond à la vertèbre cérébelleuse des Animaux supérieurs ; ils appartiennent à la vertèbre d'*équilibration*. On a
essayé bien des théories pour expliquer leur
présence. Chacune de ces théories ne peut
s'appliquer qu'à certains genres. Personne
n'avait encore soupçonné la nature et le principe organique de ces appendices.

Les *Insectes*, d'après ma doctrine, *devraient avoir douze ailes, ou six paires de
chaque côté;* l'arthroméral et l'arthrocéral
pouvant former chacun une aile complète,
comme je le démontrerai. Il n'en est pas
ainsi : l'étude de ces différences donne lieu
aux courtes observations que je vais exposer.

Pour le moment je fais abstraction de la
vertèbre *gustale* (le prothorax) pour m'occuper des choses les plus évidentes.

Les Orthoptères offrent sans contredit les

ailes les plus composées ; les arthroméraux et les arthrocéraux des vertèbres sonore et motile y sont développés dans toutes leurs pièces, ainsi qu'on le voit sur les Blattides, les Mantides, etc. Ils sont soudés ensemble, et forment une large aile dont la portion arthromérale est la plus solide et la plus coriace.

Les Névroptères marchent sur les mêmes considérations alaires. C'est peut-être ici le lieu de rappeler que les Orthoptères et les Névroptères ne doivent former qu'une classe, ainsi que Linné l'avait d'abord arrêté. Les caractères tirés des organes buccaux paraîtront d'une bien faible importance, si l'on veut bien faire attention que les ailes, les larves, l'ensemble de l'organisation et des mœurs n'établissent aucune différence réelle.

Quoique les larves, les métamorphoses et les habitudes soient à peu près les mêmes sur les Hémiptères, nous n'en pouvons point tirer une semblable conséquence. Ces Insectes sont *suceurs :* dès-lors ils ont reçu une organisation buccale adaptée à ce genre de préhension alimentaire. En outre, leurs appendices de locomotion aérienne ne marchent plus sur les mêmes considérations. L'Insecte

Hémiptère est surtout puissant par le corselet, dont les pièces solides atteignent le
plus grand développement. Le basial, les
costaux et les polergaux des ailes se soudent
ensemble, prennent une assez grande extension, et forment les vastes *scutums* que l'on
remarque sur ces Animaux. Ces élémens
ou ces pièces ainsi soudées peuvent même
envahir la totalité de l'Insecte, et former
une tente solide, une carapace, qui logera et
protégera tous les autres organes, et qui
servira encore de domicile aux enfans de la
femelle. La Cochenille, le Kermès nous
offrent ce fait.

Il est certain que les ailes de la plupart
des Hémiptères sont formées par la réunion
des arthroméraux et des arthrocéraux, ainsi
qu'on le voit sur les Fulgores et les Cimicides.
Mais plusieurs des Insectes de cet ordre ne
tardent pas d'offrir des différences essentielles
à noter et tout-à-fait caractéristiques. Je
parle ici des Hémiptères *stridules*. Sur les
Cigales, les ailes antérieures (vertèbre sonore) sont formées par les seuls arthroméraux, comme sur les Diptères. Les arthrocéraux se prolongent en une pièce qui passe
au-dessus des ailes postérieures, et vient

gagner le scutum, imitant ainsi le cuilleron d'une Mouche, tandis qu'une autre pièce rejoint le dessus de l'abdomen et concourt à former la caisse de stridulation. Les ailes postérieures (vertèbre motile) sont formées par les seuls arthroméraux mobiles, pendant que les arthrocéraux se prolongent sous l'abdomen en une large lame qui cache la membrane sonore.

Il résulte de cette disposition que, sur ces Insectes, les arthroméraux et les arthrocéraux sont disjoints, parce que ces derniers sont appelés à une autre fonction que celle du vol. En même temps il est facile de s'assurer que les pièces qui concourent le plus éminemment à la formation de la stridulation appartiennent plus particulièrement à la vertèbre sonore. Ce sont ces mêmes pièces qui donnent lieu à la stridulation des Criquets et des Sauterelles; mais elles affectent alors une autre disposition et elles sont libres.

Les Coléoptères ont leurs ailes antérieures ou leurs élytres formées par les seuls arthroméraux. Rarement les arthrocéraux sont apparens, et alors ils n'offrent que la forme d'un petit cuilleron, ainsi qu'on le voit sur les Hydrophiles, etc. Les ailes postérieures

sont uniquement formées par les arthroméraux de la vertèbre motile.

Le contraire a lieu sur les Hyménoptères
qui n'ont les arthroméraux de la vertèbre
sonore que rudimentaires, et figurés par
une pièce encadrée sur le dos du corselet et
au-devant de l'aile. Cette aile est formée
par les arthrocéraux. Je pense que les arthrocéraux forment l'aile postérieure, comme
sur les Coléoptères.

On observe à peu près la même disposition
sur les Lépidoptères, c'est-à-dire que les
ailes antérieures, malgré leur excessif développement, appartiennent aux seuls arthrocéraux de la vertèbre sonore. Les arthroméraux existent dans la plupart des cas ; ils
constituent cette pièce isolée, antérieure à
l'aile, et qu'on nomme *l'aile du prothorax*,
l'aile antérieure, *l'hypoptère*, etc. Les ailes
postérieures appartiennent aux arthrocéraux.

Les Diptères n'ont que deux ailes antérieures formées par les arthroméraux de la
vertèbre sonore. Sur les races qui ont le vol
puissant, les arthrocéraux viennent s'y joindre. Alors ils constituent ces pièces membraneuses, superposées, soudées à l'aile, et

qu'on appelle *les cuillerons*. La vertèbre motile n'offre ni arthroméraux, ni arthrocéraux développés ; mais elle est munie de deux organes généraux, correspondans aux arthrocéraux, qu'on désigne sous le nom de balanciers, et qui feront le sujet de la dissertation suivante.

Maintenant on peut juger que les idées reçues sur les appendices de la locomotion aérienne des Insectes étaient complètement erronées. Je me flatte que cette nouvelle doctrine sera bien accueillie de tous les Zoologistes qui s'occupent sérieusement du sujet, et qui se trouveront à même de le juger. Pour moi, je la regarde comme un de mes plus beaux titres entomologiques.

Nous avons vu que les appendices, si improprement appelés les *ailes* des Insectes, ne sont que les arthroméraux et les arthrocéraux de la vertèbre motile et de la vertèbre sonore (métathorax et mésothorax des auteurs). Il me reste à parler de la vertèbre gustale (prothorax) de ces Animaux.

Tous les Entomologistes sont d'accord sur l'existence du prothorax : mais la plus grande dissidence règne sur les appendices de ce prothorax. *Comme rapporter les opi-*

*nions d'autrui, lorsqu'on veut les combattre,
est de nos jours le gage presque assuré d'une
inimitié personnelle,* je garderai encore le
silence sur ce sujet.

Le prothorax (vertèbre gustale) des Insectes reconnaît les mêmes lois que tout
appendice vertébral quelconque, et que les
deux vertèbres, la sonore et la motile, en particulier. Mais ses élémens arthroméraux et
arthrocéraux, par suite d'avortemens sur
lesquels il est inutile de m'étendre, ne se développent qu'en un très-petit nombre de
cas, et quelquefois dans des dimensions tout-
à-fait exiguës. Je ne connais aucun Insecte
qui s'en serve pour la locomotion aérienne.
Quelques auteurs prétendent que les Xénos
et les Stylops les font servir à cet usage ;
d'autres le nient. Comme je n'ai point vu les
pièces du procès, et comme probablement
je ne les verrai jamais, je ne prononcerai
pas. Mais il est certain qu'on peut s'assurer
de l'existence de neuf élémens soudés ou
séparés de cette vertèbre sur chacun des
ordres des Insectes.

Les Coléoptères en fournissent une preuve
sans réplique. Le genre *Acrocinus* (Cérambyciens) ne laisse aucun doute sur le basial.

les costaux et les polergaux de cette vertèbre, quoiqu'ils soient soudés. Les arthroméraux y sont évidens, séparés, mobiles ; les arthrocéraux sont le plus souvent soudés.

Cette vertèbre est encore manifeste et facile à distinguer sur la plupart des Orthoptères, comme sur les Mantides, les Blattides. Une espèce de Blatte (enregistrée au Muséum de Paris, sous le nº 5) est tout-à-fait semblable au genre *Acrocinus* pour le prothorax ; mais les arthroméraux et les arthrocéraux , quoique distincts et saillans, sont soudés avec les pièces voisines.

Les Hémiptères marchent absolument sur les mêmes conditions. Sur la plupart des races les arthroméraux se développent en arrière.

J'ai découvert sur le prothorax d'un grand nombre de Lépidoptères , *plusieurs pièces squamiformes, mobiles*, qui sont les arthroméraux et arthrocéraux non développés. Ces faits seront détaillés dans un Mémoire spécial.

Je ne suis pas encore parvenu à distinguer d'une manière manifeste ces pièces , dans le sens qu'elles sont mobiles, sur les Hyménoptères. Cependant elles y existent très-évidentes, ainsi que je le démontrerai. Elles forment les épaulettes.

Elles jouent le même rôle sur les Diptères. Dans ma Monographie des Culicides (Mémoires de la Société d'Histoire naturelle de Paris), j'ai annoncé, figuré et décrit ces pièces qui, sous forme de tiges cylindriques, sont détachées et mobiles sur mon genre Psorophore, dont elles forment un des principaux caractères.

Ces citations suffiront pour me faire comprendre, parce qu'il est facile de vérifier les faits indiqués. Les bornes de cet ouvrage m'empêchent de m'étendre.

Je termine cet extrait en citant les Fulgores, les Mantides pour le développement des arthroméraux et des arthrocéraux de la vertèbre optique.

§ II.

OBSERVATIONS

SUR LES BALANCIERS DES DIPTÈRES.

(Extrait d'un Mémoire lu à la Société d'Histoire naturelle de
Paris, le 23 mars 1827.)

Les naturalistes actuels ignorent absolument l'usage de deux petites tiges mobiles, cylindriques, terminées en bouton, et qui sont constantes sur les Insectes diptères. Pourtant, dès l'enfance de la science, on leur avait donné un nom, on les avait désignés d'après l'idée qu'ils pouvaient représenter le cylindre équilibriste d'un funambule. De-là l'expression de *balanciers*, *halteres*.

Bientôt on jugea que des tiges si frêles et si peu consistantes ne pouvaient nullement remplir la fonction qu'on leur assignait. On abandonna l'idée première, ou pour mieux dire on avoua une ignorance complète sur leur véritable distinction, ainsi que sur leur origine.

Il y a quelques mois, je confiai l'introduction manuscrite de mon Traité des Myodaires à M. le comte Amédée de Saint-Fargeau.

Au milieu des innovations que j'y essaie sur l'Anatomie extérieure de l'être muscide, il fut surpris de mon silence sur la nature des balanciers : alors il me rappela une coutume en usage parmi les écoliers des villages du Dauphiné, et qui lui avait été racontée par M. Carcel; il m'exhorta à m'assurer de la réalité du fait avancé. Selon ce récit, une Mouche privée de ses balanciers n'était plus apte au vol. Ce digne naturaliste ne voyait qu'un fait; il ne soupçonnait point de quelle importance immense ce fait pouvait se trouver.

A peine la nouvelle saison me procura-t-elle le moyen de faire cette expérience si simple, et qu'on disait si décisive, que je me mis en quête de Diptères. J'arrivai aux résultats positifs que je vais exposer, et que tout le monde peut obtenir aussi bien que moi.

Tout Diptère auquel on enlève les balanciers ne peut plus voler; en vain un violent effort musculaire le lance encore dans l'air, il ne peut plus s'y soutenir; il retombe aussitôt, et il retombe presque toujours en faisant des culbutes, c'est-à-dire en *tournoyant plusieurs fois sur lui-même; le plus souvent il lui arrive alors de tomber sur le dos.*

C'est inutilement qu'il essaie ensuite de reprendre son essor; il n'est plus capable que d'opérer des sauts analogues à ceux qu'il fait après l'ablation de ses ailes. Ordinairement il ne tente même plus de s'envoler, il reste comme frappé de son impuissance : on peut alors diriger sa marche à volonté ; ce n'est plus qu'un insecte esclave, attaché à la terre, et incapable de la locomotion aérienne. Il paraît connaître le prix des organes perdus, car ses pates postérieures passent souvent dessous ses ailes, comme pour dégager les balanciers.

Si l'on n'ôte qu'un seul balancier, l'Animal peut encore prendre un essor, mais il ne vole plus que d'un côté, tandis qu'il tend à tomber de l'autre côté. Il tombe bientôt, et l'on acquiert aisément la conviction qu'il a perdu le moyen de s'équilibrer.

L'extraction des cuillerons ne produit point ce résultat; l'abdomen, perforé en divers endroits, n'empêche pas l'Insecte de voler, ainsi qu'on eût pu le soupçonner.

Les balanciers sont-ils donc de véritables organes d'équilibration? Les expériences cilées, le tournoiement de l'Insecte, son impossibilité de s'équilibrer, l'avulsion d'un seul de ces organes, ne me paraissent pas laisser de doute à cet égard.

Je me suis assuré que le bourdonnement de l'Insecte survit à cette opération.

Quand les balanciers sont détruits, l'Insecte devient aussitôt timide, incapable de voler; il n'ose plus s'aventurer dans l'air, et s'il a le malheur de l'oser, une prompte chute vient aussitôt l'avertir de l'inutilité de ses efforts.

Quand on opère sur les petites espèces, souvent l'agonie et la mort surviennent surle-champ.

Ainsi nous sommes nécessairement rappelés à l'idée de *tiges de suspension*, et nous devons affirmer (chose rare dans l'étude des sciences naturelles) que ce qui n'était d'abord qu'une simple hypothèse, qu'un jeu de l'esprit, se trouve maintenant converti en réalité.

Mais ce fait amène un résultat immense dans la série de l'organisation zoologique. Depuis quelques années je savais que les ailes postérieures des Insectes se rapportent à la vertèbre cérébelleuse des Animaux su

périeurs ; le docteur Flourens venait de
trouver que le cervelet sert à l'équilibration
de leurs mouvemens; de nouvelles expériences arrivent à la démonstration de cette
opinion; tout-à-coup les Animaux articulés
nous offrent ce fait, ils nous l'offrent avec
l'organe spécialisé; ils nous l'offrent de la
manière la plus convainquante. Mille actions de remerciemens à M. Carcel et Amédée
de Saint-Fargeau, qui m'ont mis sur la
voie de ces recherches et de ces applications!

§ III.

OBSERVATIONS

SUR LES ORGANES BUCCAUX DES INSECTES SUCEURS.

(Extrait d'un Mémoire manuscrit communiqué à l'Académie des
Sciences en juin 1827.)

Mes études sur plusieurs classes des Animaux articulés, m'ont mis à même, depuis quelques années, de rencontrer une théorie d'organisation assez différente des théories adoptées ou recommandées de nos jours. Mon intention n'est pas encore de la rendre publique, parce qu'elle exige des développemens trop étendus, et qu'elle me conduit chaque jour à des résultats que j'étais d'abord loin d'avoir prévus. Mais diverses circonstances m'obligent aujourd'hui de me prononcer, malgré moi, sur les *organes buccaux* de quelques ordres d'Insectes, et en particulier sur ceux des Insectes suceurs.

Je prends donc la liberté de communiquer à l'Académie les principaux résultats obtenus sur les ordres des Diptères, des Hyménoptères, des Lépidoptères et des Hémiptères, déclarant que je suis disposé à entrer, pour ces mêmes organes seulement, dans les plus grands détails, s'il plaît à quelques membres de les désirer [1].

1°. Il n'est pas exact, ainsi qu'on l'a établi les années dernières, de professer que les *diverses parties de la bouche sont*, à quelques exceptions près, *identiques sur les diverses sortes d'Insectes*.

2°. Il y a autant d'organisations spéciales de bouches qu'il y a d'ordres d'Insectes suceurs.

3°. La même organisation buccale peut subir et subit un très-grand nombre de modifications dans les diverses séries du même ordre.

4°. Une étude plus approfondie prouve que les organes de la bouche de ces Insectes sont composés de pièces plus nombreuses et plus compliquées qu'on ne l'admet jusqu'à ce jour.

Sans entrer dans aucun détail de spécialité, je me bornerai à énoncer les principes suivans.

[1] Plus tard je donnerai au public tous les détails de cette théorie appliquée à l'*Entomologie des environs de Paris*. Ici je ne dois donner que des résultats faciles à constater.

(193)

I. La *trompe* (promuscis) des Hyménoptères est formée par la lèvre inférieure : les mâchoires, les mandibules et le labre étant très-distincts, et ne pouvant laisser aucun doute à cet égard. Je ne suis d'accord que sur ce seul fait, facile à constater, avec les théories admises aujourd'hui.

II. La *trompe* (proboscis) des Diptères est la trompe la plus compliquée des Insectes suceurs, parce que plusieurs sont essentiellement zoophages. La gaîne est formée par les mâchoires ordinairement tri-articulées, solides ou membraneuses, et le plus souvent terminées par des palpes manifestes. Cette gaîne peut être environnée à sa base par la lèvre inférieure, qui lui forme ainsi une enveloppe extérieure plus ou moins longue, plus ou moins solide, et dont les palpes sont très-apparens. La *gaîne*, formée *par les mâchoires*, contient dans son intérieur *deux*, *quatre*, et même *six filets*, *qui ne sont que les différentes*

13

divisions des mandibules. Elle offre toujours à sa partie supérieure une longue pièce filiforme et de recouvrement, qui est le *labre.*

III. La *spiri-trompe* (spiri-lingua) des Lépidoptères n'offre plus que des rudimens extrêmement petits, mais très-précieux, des diverses pièces de la lèvre inférieure et des mâchoires, avec deux ou quatre palpes plus ou moins apparens. Cette spiri-trompe, dans sa perfection, *est essentiellement formée par les mandibules,* excessivement allongées. Sur quelques espèces, cette trompe est à peine rudimentaire ; alors le labre, qui ordinairement forme une pièce basilaire, peut ne pas exister, et les deux mandibules, restées libres, forment deux petits canaux ou conduits séparés.

IV. La *trompe* ou le *rostre* (rostrum [1]) des Hémiptères n'offre ordinairement

---

[1] Il faudra changer cette dénomination tout-à-fait impropre.

que des vestiges obscurs de la lèvre inférieure. Elle est formée par les *mâchoires* qui renferment les mandibules représentées par deux ou quatre filets égaux.
Le labre est très-court.

C'est avec ces principes si simples que la
nature a formé cette prodigieuse variété que
l'on remarque dans les bouches des ordres
des Insectes suceurs.

Si ces principes sont exacts, il en résulte
la nécessité de changer les caractères d'ordres des Insectes pour les organes buccaux;
il en résulte la nécessité plus grande encore
de changer les caractères et les noms des
pièces qui constituent les divers genres, mais
ces détails ne doivent point m'occuper pour
le moment.

(196)

§ IV.

OBSERVATIONS

SUR LES INSECTES COLÉOPTÈRES.

(Mémoire lu à la Société d'Histoire naturelle de Paris en août 1827.)

La classe si nombreuse, qui comprend les Animaux dits *articulés* ou *invertébrés*, est loin d'offrir des résultats satisfaisans, lorsqu'on l'envisage d'après les théories actuelles de l'Anatomie. De grands travaux ont déjà été entrepris à ce sujet. Je n'estime pas qu'ils aient encore atteint le but désiré, parce que leurs auteurs me semblent presque toujours avoir travaillé sous l'inspiration d'une idée générale préconçue, à laquelle ils ont vainement essayé de rattacher diverses séries de faits et d'organes qui ne pouvaient avoir aucune analogie entre eux. En un mot, je ne pense pas qu'on ait réellement étudié ces Animaux pour eux-mêmes, mais seulement pour les attacher, les unir tant bien que mal à des lois observées sur d'autres Ordres et à des principes qu'on voulait absolument trouver universels. Mon in—

tention n'est pas ici de traiter de ces hautes
questions, afin d'examiner jusqu'à quels
écarts l'imagination du zoologiste même le
plus sévère peut parvenir, lorsqu'il entre-
prend de juger sans l'examen le plus approfondi. Je voudrais appeler les regards
sur un principe d'une importance presque
nulle en lui-même, d'une attaque très-facile,
mais que l'usage qu'on en a fait a consacré
dans la science, et, par conséquent, rendu
difficile à combattre, parce que tous les Entomologistes (et ici par Entomologistes, je n'entends point les Zoologistes) s'y sont fixés
comme à la seule ancre possible de salut.

Aussi, les obstacles propres au sujet que
j'aborde, la solidité universellement reconnue des principes admis dans la section
des Animaux dont j'ai l'honneur d'entretenir la Société, m'inspire un sentiment de
crainte que la force même de la vérité a
beaucoup de peine à me faire surmonter.
Quoi qu'il en soit, j'en appelle au jugement
du public; il prononcera si j'ai tort, ou si
j'ai raison. Trop heureux si en dernier résultat je puis être de quelque utilité à une
science dont les vrais principes, transmis par
le génie d'Aristote et reproduits par Linné,

ont de nos jours reçu des développemens
étendus, souvent philosophiques, et quelquefois bizarres.

Mais pour donner une idée de la position où je m'engage, il me suffira de dire
que, l'an dernier, dans un travail soumis au jugement de l'Académie, je m'é-
tais totalement dispensé d'entrer dans aucun détail d'organisation ou de définition.
Là, pouvait être le péril; on m'a reproché
cette omission. Seulement j'avais avancé,
sans avoir l'apparence d'y attacher le moindre intérêt, que la trompe de deux genres
de Diptères offre des palpes inférieurs, dont
le nombre peut s'élever jusqu'à quatre. On
nia le fait, et l'on eut raison, parce qu'il
renversait les idées actuelles sur la composition de la trompe de ces Insectes; mais
il n'est pas facile de lutter contre les faits.
Je n'avais point rêvé ces palpes; je les avais
vus et décrits. Aussi les ai–je retrouvés
sur un grand nombre de Diptères; et, quoi
qu'on en puisse dire, ma première observation subsiste, et j'ose espérer que plusieurs autres subsisteront après elle.

Pour envisager nettement mon sujet, j'ai
dû faire abstraction d'une foule oisive de

détails, et me placer de suite sur le point de vue le plus élevé. Aussi mes opinions pourront-elles paraître avoir quelque chose de hardi : mais loin de moi l'idée de déprécier ces Maîtres célèbres qui nous ont péniblement ouvert et frayé la carrière. Leur admirateur et leur élève, je ne puis que les suivre, quoique ne partageant pas toutes leurs manières de voir.

Linné trouva dans Aristote les divisions et jusqu'aux dénominations des ordres qu'il rappela dans l'Entomologie. Il conserva aux Insectes recouverts de deux ailes en étuis, le nom de Coléoptères, qui leur avait été imposé par le naturaliste grec. Linné s'appuya ensuite sur les formes diverses des antennes pour caractériser ses principales coupes ; mais on ne tarda point à s'apercevoir des inconvéniens et des obstacles de ce système établi d'abord dans l'unique but de réunir ensemble une longue série d'Êtres de la même famille. Cette trop grande simplicité de caractères généraux, qui ne dérivaient que des antennes, amena la confusion parmi tant d'Animaux de formes et de mœurs si différentes, et montra la nécessité d'étudier tous les appareils d'organes et tous les organes en particulier. Ce qui arriva pour les étamines de la Botanique advint également pour les antennes des Coléoptères.

A cette époque, Réaumur et Degéer, interrogeant et surprenant la nature dans ses opérations mêmes, traçaient la véritable marche à suivre et reproduisaient les divers instrumens qui servent à la préhension alimentaire, à la digestion, à la sensibilité, à la locomotion, à la génération et aux différens arts des Insectes. Ils rassemblaient les matériaux d'un solide édifice.

Fabricius trouva son système des organes de la bouche dessiné et gravé. Il n'eut qu'à en rassembler les diverses parties pour établir cette méthode qui, d'abord élevée jusqu'aux nues, bientôt n'occupa plus que le rang secondaire et même tertiaire, auquel elle est désormais condamnée. Cet Entomologiste ne soupçonna pas même ce que les bouches, étudiées avec tant de soin, pouvaient renfermer de philosophique; et, comme si toute véritable lumière entomologique dût venir de la France, il laissa à M. Savigny la gloire si grande de les étudier sous de nouveaux points de vue. Fabricius changea le nom de Coléoptères en celui d'E-

leuthérates, et, dans son *Systema Entomo-
logiæ*, 1775, il se contenta d'ajouter trois
nouvelles subdivisions antennaires aux trois
déjà établies par son maître, dont il suivait
la méthode sur ce point.

Mais dès l'année 1772, l'*Histoire abrégée
des Insectes qui se trouvent aux environs de
Paris*, par Geoffroy, docteur-régent de la
Faculté de médecine de cette ville, avait
amené des modifications plus ou moins heu-
reuses dans l'étude de l'Entomologie. Cet
ouvrage fut généralement applaudi et ap-
prouvé par les naturalistes français et étrangers. Fabricius, auteur d'un système, se
refusa presque seul à l'adoption du système
français, et c'est peut-être ce qu'il a fait de
mieux dans l'intérêt de la Science.

La plus grande influence de Geoffroy s'é-
tablit à l'égard des Insectes Coléoptères.
Par une réunion singulière de circonstances,
son système servit de point de support à de
célèbres théories zoologiques, quoiqu'il
ne s'appuyât lui-même que sur des bases
tout-à-fait fragiles et presque fantastiques.
Geoffroy avait besoin, je ne dis pas de caractères, mais de signes extérieurs pour
classer ses Insectes à étuis; il crut s'aper-

cevoir que les uns ont cinq articles aux tarses, tandis que les autres n'en ont que quatre, trois et même deux. Il en signala une grande série qui 'en offrent cinq aux quatre pates antérieures, et quatre seulement aux deux postérieures. Il crut découvrir, dans ces proportions numériques d'articles tarsiens, un moyen suffisant d'établir une classification, et il n'hésita point à le faire ; mais ce n'était pas le beau temps de la Zoologie ; et encore une fois, cet auteur ne chercha qu'un système d'étude plus facile. Il ne se doutait guère que Bonnet de Genève allait s'emparer de ses frêles tarses, pour prouver et consolider les divers échelons d'une théorie superficielle, et qui ne servit peut-être qu'à faire perdre un temps précieux à des Naturalistes d'un mérite incontestable.

Schœffer, en Allemagne, adopta la marche systématique de Geoffroy. Dans ces premiers tâtonnemens de la Science, on ne lui demandait que des signes généraux extérieurs, susceptibles d'être appréciés par tous les Entomologistes. Si quelques genres d'un abord difficile et plus soigneusement étudiés vinrent bientôt mettre un peu de confusion

par l'incertitude numérique de leurs articles tarsiens, on résolut de s'en rapporter à
certaines conventions.

Olivier marcha sur les traces de Schœffer.
Par ses descriptions d'un très-grand nombre
d'espèces exotiques et par un travail spécial
sur cet ordre d'Insectes, il assura et affermit
le système de Geoffroy, qu'il fut désormais
défendu d'abandonner.

Ainsi, la science de l'étude des Coléoptères reposait sur la plus minutieuse et la
moins naturelle des bases. Il fallait compter
tous les divers petits articles des tarses. Mais
que diraient aujourd'hui les Entomologistes,
si l'on avançait que les Insectes n'ont réellement ni pates, ni ailes, dans la signification
rigoureuse de ces mots? Si on leur rappelait
que les Grecs et qu'Aristote avaient déjà fait
cette distinction, et que même ils avaient
donné un nom spécial aux ailes actuelles des
Insectes? Alors il faudrait changer et la définition et le nom de ces divers appendices;
mais ici j'indique un autre ordre de difficultés plus relevées, et qui ne doivent pas encore
être soulevées. Je me contenterai de dire que
la Terminologie des Insectes, Arachnides et
Crustacés, doit être entièrement refaite.

En nommant ailes, pates, tarses, les divers appendices locomoteurs des Insectes, on avait comparé ensemble des objets essentiellement distincts, on avait nommé des objets inconnus d'après leur similitude ou leur analogie avec des objets bien connus et déterminés. Il fallut donc, bon gré mal gré, adopter ces ailes, ces pieds et surtout ces tarses, comme bases et fondemens de la classification des êtres les plus nombreux en genres et en espèces. La Zoologie générale, qui n'avait encore pu descendre dans l'organisation de ces Animaux, adopta les idées des Entomologistes, qui se trouvèrent ainsi jouir d'une gloire qu'ils n'avaient ni cherchée ni méritée.

Mais les hommes qui s'adonnèrent de bonne foi à l'étude de la nature, ceux qui voulurent jeter un coup-d'œil perçant sur les Coléoptères ainsi classés, virent aussitôt la fragilité et les inconséquences de ce système, et peut-être ils regrettèrent la marche plus simple de Linné. Les habitudes, les formes, les proportions, les teintes se trouvaient dans un désordre difficile à imaginer. Tout était confondu. On put douter que l'Entomologie devînt jamais susceptible d'être placée parmi les sciences exactes.

Geoffroy avait occasioné cette nouvelle espèce de confusion. Deux membres de l'Académie essayèrent de remédier au mal autant que cela fut en leur pouvoir. Je parle de MM. Duméril et Latreille, dont les travaux coïncidèrent en même temps. Ils jugèrent que l'Entomologie devait prendre une extension plus grande, et marcher, comme la Botanique et plusieurs autres parties de la Zoologie, sur un plan analytique. Alors les grandes divisions furent établies. Les Coléoptères parurent chacun dans des sections qui rappelaient leurs mœurs et divers points d'organisations analogues. Ils purent déjà offrir à l'esprit des résultats satisfaisans, et faire concevoir l'espérance de l'ordre naturel. M. Duméril, qui ne travaillait que sur l'ensemble de la Zoologie, ne dut s'occuper que des sections générales. Mais M. Latreille pénétra dans tous les replis du sujet ; il interrogea toutes les organisations et s'en rendit un compte sévère. Il fut en état de publier ces familles et ces tribus naturelles qui, quoique disposées dans un ordre purement systématique, resteront à jamais les plus solides fondemens de la véritable Entomologie.

Comment se fait-il que les efforts de ces deux Naturalistes n'ont pas amené pour les Coléoptères l'ensemble d'une méthode naturelle, et qu'ils n'ont mis de l'ordre que dans les sections ?

Ils ont suivi le système de Geoffroy. Ils ont pris le nombre des articles tarsiens pour premier point de départ. Il en est résulté des sections qui renferment, et des tribus Phytophages, et des tribus Carnivores : même plusieurs genres, et notamment les Nitidules, sont formés d'espèces Floricoles et d'espèces Créophiles. Il suffit de jeter les regards sur l'important Catalogue de M. le comte Dejean pour s'assurer d'une foule d'anomalies et d'incertitudes auxquelles il serait nécessaire de remédier.

Toutefois M. Latreille, dans son *Genera Crustaceorum et Insectorum*, 1806, déclare dans une phrase aussi remarquable par sa concision que par ses expressions, qu'il est impossible de classer naturellement les Coléoptères d'après le nombre ascendant ou descendant des articles tarsiens. *Articulorum tarsorum progressio numerica decrescens in methodo naturali non admittenda.* Il était donc persuadé ne travailler que d'après une méthode de convention ; en un mot, d'après un système. Il ne m'appartient pas de vous rappeler tout ce que ce mot *système* renferme de contraire à la philosophie des sciences naturelles. Alors M. Latreille ne paraissait point soupçonner qu'on pût élever des doutes sur le nombre même de ces articles tarsiens, incapables de conduire à une méthode naturelle, et néanmoins conservés par lui pour une série naturelle d'Insectes la plus nombreuse pour les genres, mais d'une classification litigieuse et incertaine. *Series naturalis Animalium numero generum major, litigiosa, incerta.* Tom. I , pag. 172. Je cite ces paroles du chef actuel des Entomologistes , parce qu'elles prouvent les diverses difficultés que je n'ai point manqué et que je ne manquerai pas de rencontrer.

Dans le Dictionnaire d'Histoire naturelle, édition de Déterville , M. Latreille supprime les Dimères, chez lesquels il a reconnu , à l'aide d'une forte loupe , une organisation tarsienne plus composée que celle qu'on leur supposait. Il n'est peut-être pas inutile de dire que les Dimères sont les Coléoptères de la plus petite taille.

Dans son dernier ouvrage général , publié

en 1826, ce célèbre Entomologiste désespère encore d'arriver à une méthode naturelle. Non-seulement il y rétablit les sections des Coléoptères Dimères, mais il admet encore celle des Monomères, récemment établie par M. Fischer, sur un seul genre et sur une seule espèce tout-à-fait exiguë. Mais je dois dire que les Entomologistes allemands placent cet Insecte parmi les Pentamères. Ainsi maintenant l'on a six sections. Peut-être va-t-on bientôt en proposer une septième pour un Insecte rapporté du Cap-Vert, qui, pentaméré à ses deux jambes extérieures, est, dit-on, hétéroméré aux quatre postérieures. Certes, il a autant de droits qu'aucun autre pour exiger aussi une distinction spéciale. Ne devra-t-on pas encore établir une section spéciale pour ce genre de Coléoptères aquatiques, qui n'offre que trois articles aux tarses antérieurs ? Rappellerai-je ces Oxytèles, ces Omalies, qui semblent n'avoir que trois ou quatre articles tarsiens, et que la force des analogies a contraint de laisser parmi les Brachélytres ? Pourtant ils devraient former une section bien distincte : car, lorsqu'on s'est décidément engagé dans une marche analytique quelconque, il faut vouloir en subir toutes les conséquences , et ne pas se retrancher derrière des exceptions qui se renouvelleraient à chaque pas. Mais puisque la force des analogies a contraint à quelques concessions , comment se fait - il que les Trogossitaires n'aient pas été placées à la suite des Lucanides, dont elles offrent la plupart des caractères ? Je dirai plus : comment les a-t-on mises parmi les Tétramères? Certes, si jamais Insectes furent évidemment pentamérés , ce furent ces mêmes Trogossitaires. J'en dois dire autant des Priones.

Cependant M. Latreille émet déjà des modifications, sinon dans ses conclusions, du moins dans quelques-unes de ses manières de voir. La Parandre sembla offrir cinq articles distincts aux tarses. Tous ses autres caractères la classent naturellement auprès des Cérambyciens, réputés Tétramères. Aussi plusieurs Entomologistes , entre autres M. Duméril, ne lui assignaient qu'une place incertaine. M. *Schoënner* ne craignit pas de la mettre dans une section différente de celle des Cérambyciens. M. Latreille, dans l'Ouvrage précité, s'élève contre cette innovation. Il déclare qu'on ne saurait éloigner la Parandre des Tétramères longicornes, « chez lesquels,

» dit-il, la base du dernier article tarsien
» forme quelquefois un petit nœud ressem-
» blant à un article, mais sans mouvement
» propre. » Ainsi M. Latreille admet déjà que
certains Longicornes peuvent être pentamérés : mais il ne l'admet que pour cette famille ;
il ne l'admet que pour une des familles où
le quatrième article tarsien peut paraître
moins développé ; encore veut-il que cet
article ne soit pas mobile. Il continue donc
à placer la Parandre, reconnue Pentamère,
avec les Tétramères. Mais la force des gé-
néalogies naturelles l'oblige bientôt à une
plus forte concession : quelques lignes plus
bas, il écrit que l'ordre naturel exige de
rapporter aux Tétramères certains Hétéromères qui, tels que les Salpingues et les
Rhinosymes, appartiennent, par un plus
grand nombre de rapports, à la famille des
Rhyncophores.

Ainsi de ses propres mains il ébranlait vio-
lemment ce système qu'il n'abandonna point,
mais qu'il montrait si susceptible d'attaques.
Je rappelle ces dernières opinions de mon
maître, parce que j'ai pu aussi parvenir aux
mêmes aperçus, et avoir cherché à leur donner une plus grande extension. Au reste, je

dois déclarer que ma méthode était faite et rédigée avant la publication du dernier ouvrage de M. Latreille, dont je me fais ainsi gloire d'appeler l'opinion en témoignage de quelques-unes de mes observations.

Tel était l'état de la science, lorsque mes penchans personnels, favorisés par le séjour dans des campagnes riches en Plantes et en Insectes, me portèrent à étudier les êtres zoologiques qui m'entouraient, et au milieu desquels j'étais appelé à passer mon existence. La Botanique fut l'objet de mes premières observations. Les Insectes s'y ajoutèrent bientôt comme un complément nécessaire à celui qui veut connaître la destination primitive des végétaux, et les accords qui existent entre les deux règnes organisés. Je croyais le système entomologique appuyé sur des bases si positives, que je dus le prendre pour guide. Je n'avais que des caractères extérieurs à constater, bien qu'en moi-même je ne pusse concevoir comment la nature avait renfermé le secret de sa marche dans les seules modifications d'organes aussi peu importans que les tarses et leurs articles. Aussi ma surprise fut extrême, lorsque je

m'aperçus être dans une contradiction avec
mes livres et avec mes yeux. Je comptais
ordinairement cinq articles tarsiens, là où
les autres n'en admettaient que quatre, trois,
et même deux; et pourtant j'avais la certitude d'observer les mêmes espèces. Mais je
m'expliquai bientôt ce qui en avait imposé
à mes prédécesseurs; et en même temps je
m'imaginai qu'à l'aide d'une grande réunion
de matériaux, je pourrais par la suite en
tirer quelque parti.

Chaque jour je collectionnai des Insectes.
Je notai soigneusement leurs diverses localités, les Plantes qui pouvaient les nourrir,
les époques de leur apparition. Je décrivis
scrupuleusement tout ce que les organes extérieurs de chacun d'eux me permirent de signaler. En deux mots, je recommençai l'é-
tude des Coléoptères, comme si personne ne
les eût traités avant moi.

Je parvins aux résultats dont je vais avoir
l'honneur de vous entretenir le plus succinc-
tement possible. Chaque Plante, suivant sa
famille, doit nourrir une, deux, et souvent
trois espèces déterminées et différentes de
Coléoptères. Il en résulte une étendue longue, immense, mais nécessaire pour qui veut

approfondir le sujet [1]. Les Coléoptères phytophages se divisent en plusieurs sections, selon leur organisation et leurs habitudes. Quand l'Animal à l'état parfait et à l'état de larve dut vivre sur le même végétal, il reçut les conditions de cette nécessité. Les ailes ne lui sont alors que d'un usage secondaire : elles peuvent même disparaître.

Il passe la majeure partie de son existence cramponné après une tige ou une feuille. Alors ses articles tarsiens sont devenus organes de support : ils se sont dilatés, et garnis de petits crochets en forme de pelotes, qui leur servent à se fixer. Mais ces pelotes peuvent ne pas occuper tous les articles, ni toujours les mêmes articles. Ordinairement elles ne se développent que sur les trois premiers; et par une loi souvent observée en Anatomie, leur développement entraîne presque toujours l'atrophie, et quelquefois la presque disparition de l'article suivant. Le dernier est toujours développé, parce qu'il est armé de deux forts crochets termi-

---

[1] Je puis annoncer que ce travail est prêt pour la majeure partie des espèces qui vivent sur les végétaux de Paris.

naux. Il en résulte que les premiers articles tarsiens peuvent paraitre seuls développés. Mais avec un peu d'attention on ne tarde point à reconnaitre la vérité, et à signaler les articles qu'on a prétendu ne pas exister. Sur une foule d'espèces on peut les observer à l'œil nu. La série de ces Insectes doit être et est la plus considérable de l'ordre. Elle est peut-être plus grande que le reste de l'ordre. Mais tous les Coléoptères, dont les larves vivent dans les végétaux, ne sont pas à l'état parfait dans l'obligation de vivre aux dépens d'un végétal déterminé. Ils peuvent errer dans le monde extérieur, et avoir appétit de la liqueur miellée ou des pétales des fleurs, ou même des feuilles. Alors leurs articles tarsiens se sont moins dilatés, ils se sont allongés, et peu à peu les pelotes finissent par disparaître. Ceux-là peuvent donc être des Pentamères parfaits, c'est-à-dire, sur lesquels le quatrième article ne sera ni atrophié, ni soudé avec le cinquième. Ce sera même lui qui portera les brosses.

On observe un autre fait sur ceux qui à l'état parfait ne sortent des conduits creusés dans les arbres par leurs larves que pour se livrer à l'amour, et qui ne fréquentent pas

les fleurs, tels sont les Bostriches et les Sco-
lytes. Ils n'ont pas d'articles tarsiens dilatés;
ils n'en eussent fait aucun usage. Tous leurs
articles sont filiformes, mais le premier s'a-
trophie souvent, parce que le second s'allonge plus que les autres. Ce fait tient à
la nature de leurs habitudes, et surtout à
celle de leur dernière métamorphose. Ce
premier article est soudé avec le second;
mais souvent aussi ils sont entièrement libres.

Ce fait m'a conduit à l'explication des Coléoptères hétéromères : sur leurs espèces an-
thophiles, il est souvent aisé de distinguer ce
premier article dans l'articulation même. Mais
cela devient presque toujours impossible sur
les Ténébrionites, qui sont ordinairement
aptères, et ont des tarses non dilatés, plus
propres à la marche.

On objectera que les espèces de nœuds
dont je fais si volontiers de véritables articles, ne sont que des nodosités réelles, non
susceptibles d'être rapportées à la destination
que je leur assigne.

Je me contenterai de répondre que je me
suis tant de fois assuré de la mobilité de ces
articles sur un grand nombre d'espèces différentes, qu'il m'est impossible de conserver

le moindre doute à cet égard. Cette même objection ne serait encore d'aucune importance, si la mobilité de ces articles n'avait pas lieu et s'ils étaient soudés : car il suffit de prouver que primitivement ils ont dû exister séparés, pour faire tomber l'opinion de leur décroissance numérique, et par conséquent pour faire cesser l'usage de mots qui n'expriment plus la vérité.

Les races, qui sont destinées à vivre dans l'eau, ont leurs articles tarsiens en rames ou en avirons, aptes à fendre cet élément. Quelquefois ces articles sont dilatés sur les mâles qui s'en servent pour se cramponner sur les femelles.

Les races coprophages n'ont que des tarses filiformes, peu propres à la marche. Ils sont sacrifiés à un développement particulier des cuisses et des tibias, qui doivent creuser le sol. Le même fait s'observe pour les tarses des Coléoptères botanophages, qui fouillent en terre ou des substances terreuses, pour y déposer leurs œufs.

Parmi les races zoophages, les espèces fixées à demeure sur les végétaux, ont les premiers articles tarsiens dilatés; telles sont les Coccinelles.

Parmi mes Nécrophages, les Nécrobies ont aussi les tarses garnis de pelotes, parce que la plupart vivent sur les végétaux.

Lorsqu'un Insecte Coléoptère botanophage doit s'accoupler sur les végétaux, et qu'il n'a point de pelotes tarsiennes, la nature y supplée par deux forts crochets bifides placés au bout du dernier article, qui le tiennent fortement attaché et même suspendu pendant toute une journée, sans qu'il se fatigue. Les Cantharides se trouvent dans ce dernier cas. Le Hanneton n'a pas ces mêmes crochets bifides, mais il a trois autres petits crochets à leur base.

Ainsi l'on pouvait tirer un parti très-avantageux des diverses modifications des tarses d'après les habitudes des Coléoptères. Ils pouvaient réellement mettre sur la voie d'une marche plus naturelle; mais il fallait préalablement les rapporter à une unité de type qui détruisît les fausses idées qu'on n'avait pas craint d'en tirer pour la progression zoologique. Il fallait rapporter leurs diverses modifications aux mœurs même des Insectes; et dès-lors on devait bien se garder de les admettre comme base et comme nécessité d'une classification générale.

Lorsque des études et des observations multipliées m'eurent fait rejeter tout-à-fait ces tarses et leurs articles comme principaux signes caractéristiques, il me devint facile d'opérer une foule de rapprochemens déjà jugés indispensables, et de soupçonner une classification qui me parut plus méthodique et plus naturelle. Je soumets cette classification à votre jugement. Elle ne renferme que les Coléoptères des environs de Paris; mais il sera très-facile d'y rapporter les Coléoptères exotiques.

Je dois prévenir que n'employant que des caractères extérieurs[1], je n'établis peut-être aucun caractère principal essentiel entre les races botanophages et les races carnassières. Les caractères extérieurs ne peuvent être que secondaires : la première et la véritable base d'une bonne classification zoologique doit être tirée des organes internes. Une plus haute anatomie, celle des appareils digestifs dont l'organisation entraîne les mœurs des races, nous éclairera sur ce point. A

---

[1] Le tableau de cette classification, présenté à la Société d'Histoire naturelle de Paris, fera partie d'un autre ouvrage spécial.

l'anatomie intérieure seule appartient le droit de fournir les grands caractères zoologiques. Déjà M. Marcel de Serres, dans un Mémoire excellent, nous a dévoilé les différences qui existent entre l'appareil digestif de quelques Coléoptères herbivores et celui de quelques Coléoptères carnassiers. Ces différences sont du plus haut poids, et me forcent d'attendre. M. Léon Dufour poursuit sur le même sujet des recherches de la plus grande importance, et qui promettent des résultats positifs. Ce travail n'est pas encore public. Là devront se trouver les vrais signes caractéristiques des diverses séries des Coléoptères, qui, semblables aux Oiseaux, ne pourront jamais être véritablement classés d'après les seuls signes extérieurs. Aucun caractère extérieur ne peut m'indiquer pourquoi la Trogossite ou la Parandre ne déchirent pas les chairs aussi bien que le Bouclier et le Nécrophore. Ces vrais caractères de distinction doivent être pris dans une organisation plus profonde et plus élevée. L'Entomologie se trouve ici sous la dépendance immédiate de l'Anatomie et de la Zoologie, soit spéciales, soit générales. Mais celui qui voudra classer les genres des Coléoptères selon l'ordre le plus

naturel, devra recourir à une étude trop
négligée, et qui pourtant peut seule conduire au but désiré : je veux parler de l'é-
tude des larves. Le Coléoptère botanophage
à l'état parfait n'est point dans la plénitude
de son rôle ; il n'est plus que l'individu destiné à perpétuer sa race. Ce n'est point lui
que la nature mit en rapport direct avec les
végétaux. C'est sa larve qui les perfore, les
ronge, les coupe, les détruit. Elle seule
nous indique la marche et le plan de la
nature dans les créations entomologiques.
L'organisation de ces larves diffère essentiellement selon leurs mœurs. On ne confon-
dra jamais la larve d'un Carabe avec celle
d'une Criocère. Aussi, pour avoir négligé
cette importante considération, est-on tombé
dans des écarts d'autant plus singuliers, qu'ils
étaient plus faciles à signaler. Quoique je
ne paraisse pas faire usage des caractères
des larves dans ma classification, il suffit du
plus léger coup-d'œil pour s'assurer qu'elles
en sont la base primitive et principale.

Ces considérations s'adressent surtout aux
Zoologistes qui demandent à s'appuyer sur
de grands points d'organisation. Les Entomologistes de profession, absorbés par la

fatigue et la minutie des détails , de tout temps habitués à ne juger les individus que par les vêtemens , et enrayés dans la voie des traditions , pourront s'étonner qu'on vienne leur indiquer une autre marche à suivre. Il leur en coûtera sans doute de renoncer à l'importance , et surtout au nombre des articles de ces prétendues pates qui furent l'objet de tant d'études et de tant de discussions. Mais il leur restera encore d'amples sujets de consolation. Si les organes de la bouche , si ceux des ailes et ceux des pates perdent de leur importance première dans l'ordonnance générale des Coléoptères , ils demeurent d'une nécessité absolue pour l'établissement des genres; et dès-lors les diverses formes des articles tarsiens , antennaires et palpaux, réclament impérieusement l'aide de la loupe. Loin de rejeter les divers secours de leurs plus petits détails, je serai le premier à les exiger et à les faire intervenir, parce que c'est dans ces combinaisons sans fin de formes toujours identiques et toujours variables des Insectes , que la nature nous dévoile le fonds le plus inépuisable de son immensité.

Cette classification , que j'ai l'honneur de

vous proposer, est loin d'être parfaite : mais il me semble qu'il ne sera pas très-difficile de remédier à la plupart de ses imperfections. Je la propose, non pour qu'on soit dans l'obligation de l'adopter, mais pour qu'on daigne au moins considérer les Coléoptères d'après des points de vue plus rationnels et plus élevés. Je la propose pour mettre fin à ces dénominations de Trimères, Tétramères, Hétéromères, qui ne peuvent plus rester, parce que l'Anatomie exige un langage sévère, et qui ne puisse jamais faire concevoir l'idée de l'erreur. Je la propose, parce qu'un ordre d'Animaux aussi nombreux et aussi compliqué que celui des Coléoptères ne doit pas être classé d'après des caractères aussi peu importans que ceux qui viennent de vous être signalés.

CLASSIFICATION DES INSECTES

d'après les larves, les ailes et les bouches.

A. Métamorphoses incomplètes.

1. Larves constituées à peu près comme l'Insecte parfait.— Ailes formées par les arthroméraux et les arthrocéraux réunis.— Les arthrocéraux prolongés jusque sur l'abdomen chez les Cigales. — Bouche propre à sucer.—Lèvre inférieure soudée au corselet.—Les mâchoires forment une gaîne articulée où sont logés 2-4 filets représentant les mandibules. Le labre forme une gaîne supérieure.

Hémiptères.

2. Larve constituée presque comme l'Insecte parfait.—La vertèbre gustale plus prononcée que sur les autres ordres. — La vertèbre sonore donnant lieu à la stridulation sur les Sauterelles. — Bouche propre à couper, déchirer, et formée de pièces très-développées.

A cet ordre je joins la tribu des Libellulines.

ORTHOPTÈRES.

B. Métamorphoses complètes.

3. Caractères des Orthoptères : larves simplement hexapodes, non constituées comme les Insectes.

NÉVROPTÈRES.

4. Mêmes caractères. — Les arthroméraux de la vertèbre sonore formant les élytres. — Bouche plus ou moins armée de pièces propres à couper, déchirer.

COLÉOPTÈRES.

5. Larves polypodes. — Bouche formée par les mandibules allongées et contournées en trompe.

LÉPIDOPTÈRES.

6. Larves hexapodes ou apodes. — Bouche formée par la lèvre inférieure développée en languette.

HYMÉNOPTÈRES.

7. Larves apodes. — Les arthroméraux de la vertèbre sonore formant seuls les ailes. — Balanciers. — Bouche formée par les mâchoires qui forment une gaine contenant les mandibules sous forme de deux, quatre et six filets.

Dɪᴘᴛᴇ̀ʀᴇs.

8. Bouche formée par les mandibules en valves et les mâchoires en filets.

Cᴏʀɪᴀᴄᴇs.

9. Bouche formée par le labre et les mandibules. — Point d'ailes.

Aᴘᴛᴇ̀ʀᴇs. (Là *Puce.*)

FIN.

EXPLICATION

DE LA PLANCHE.

Fig. 1. Test du GALATHÆA LÆVIS. (Fabr.)(Grandeur naturelle.)

Vertèbre gustale.

I. Basial.
II – II. Costaux.
III – III. Polergaux.
IV – IV. Arthroméraux.
V – V. Arthrocéraux.

Vertèbre sonore.

a. Basial.
b – *b*. Costaux.
c – *c*. Polergaux.
d – *d*. Arthroméraux.
e – *e*. Arthrocéraux.

Vertèbre motile.

1. Basial.
2 - 2. Costaux.
3 - 3. Polergaux.
4 - 4. Arthroméraux.
5 - 5. Arthrocéraux.

Fig. 1bis. Le même test vu sur le côté.

III – IV – V. Polergal, arthroméral et arthrocéral de la vertèbre gustale.

d – *e*. Arthroméral et arthrocéral de la vertèbre sonore.

3 – 5. Polergal et arthrocéral de la vertèbre motile.

Fig. 2. Test du THALASSINA SCORPIONIDES (Lam.) vu
en dessus et de grandeur naturelle.

Vertèbre gustale.

I. Basial.
II – II. Costaux.
III – III. Polergaux.
IV. Arthroméraux.

Vertèbre sonore.

a. Basial.
b - *b.* Costaux.
c – *c.* Polergaux.

Vertèbre motile.

1. Basial.
2 – 2. Costaux.
3 – 3. Polergaux.
4 – 4. Arthroméraux.
5 – 5. Arthrocéraux soudés.

Fig. 3 – 3bis. – 4 - 5 – 6 – 7. Appareil buccal interne
du PALINURUS VULGARIS.

Fig. 3. *Vertèbre pharyngiale.*

1. Basial.
2 – 2. Costaux.
3 – 3. Polergaux.
4 – 4. Arthroméraux.
5 – 5. Arthrocéraux.

Fig. 3bis. Arthroméral et arthrocéral soudés de la vertèbre pharyngiale, et vus en dedans.

Fig. 4. *Vertèbre crucéale.*

1. Basial.
2 – 2. Costaux.
3 – 3. Polergaux.

4 – 4. Arthroméraux.
5 – 5. Arthrocéraux.

Fig. 5. *Vertèbre thyréale* (un peu grossie.)

1. Basial.
2 – 2. Costaux.
3. Polergaux.
4. Arthroméraux.
5. Arthrocéraux.

Fig. 6 *Vertèbre arythénéale.*

1. Basial.
2 – 2. Costaux.
3 – 3. Polergaux.
4 – 4. Arthroméraux.
5 – 5. Arthrocéraux.

Fig. 7. *Vertèbre hyéale* ou *hyoïdienne.*

1. Basial.
2. Costaux soudés.
3 – 3. Polergaux.
4 – 4. Arthroméraux.
5 – 5. Arthrocéraux.

Fig. 8. *Vertèbre maxillaire de l'*Astacus marinus.

1. Basial.
2. Costal.
3. Polergal.
4. Arthroméral.
5. Arthrocéral.

Fig. 9. Ailes postérieures, ou vertèbre motile d'une grande Blattide.

1. Basial.
2 – 2. Costaux.
3 – 3. Polergaux.
4 – 4. Arthroméraux.
5 – 5. Arthrocéraux.

DE NAT

NIMÉS CRUS

BINEAU-DES

mphoses.   orphoses.

                            :.
                            :S.

ORDRE NATUREL

DES ANIMAUX ACTUELLEMENT NOMMÉS CRUSTACÉS, ARACHNIDES ET INSECTES,

PAR J.-B. ROBINEAU-DESVOIDY, D.-M.

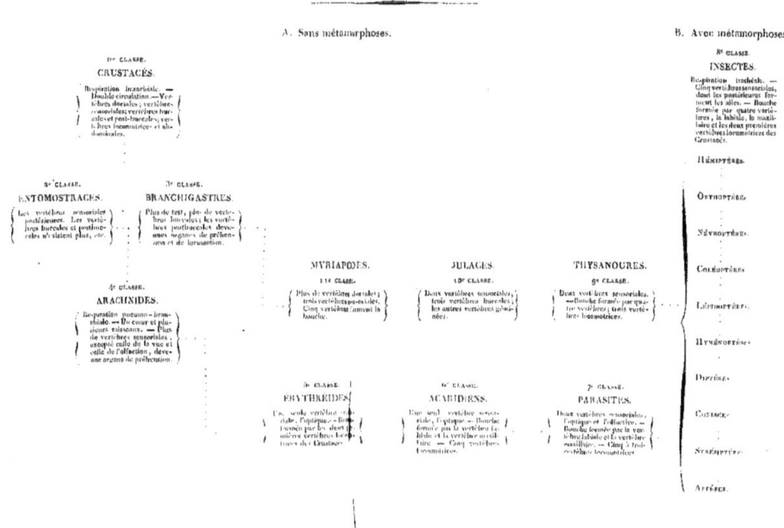

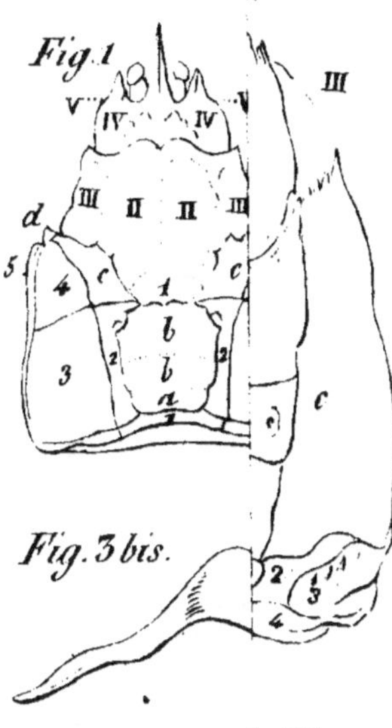

Fig.1

Fig. 3 bis.

Fig. 5.

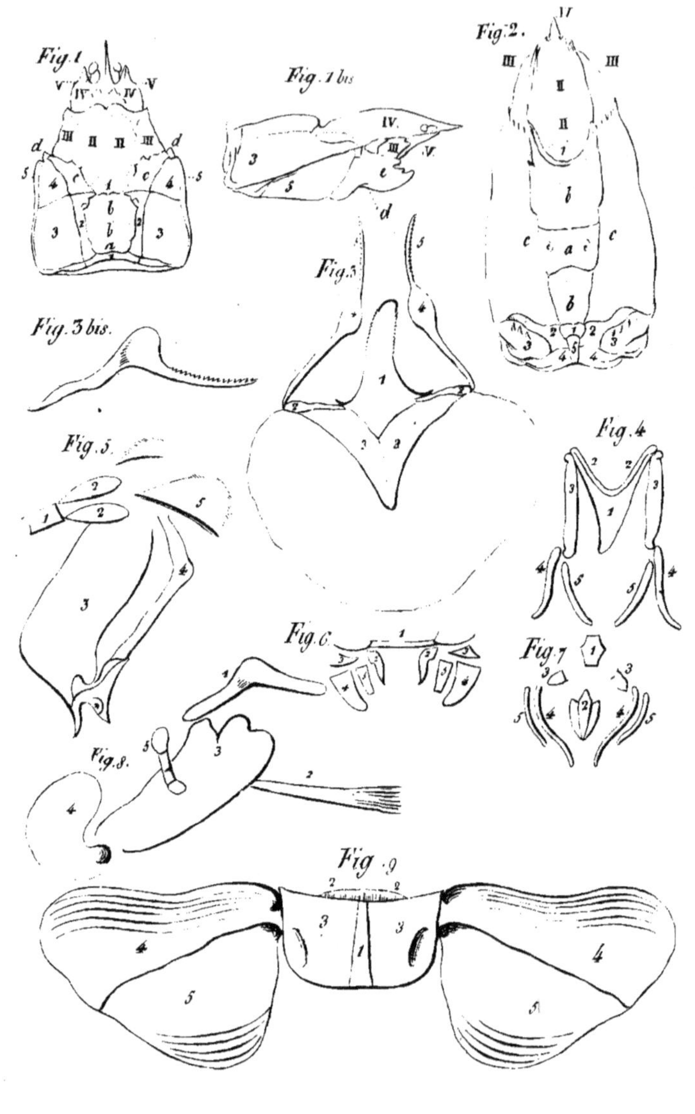

Fig 1
Fig. 1 bis
Fig. 2
Fig. 3
Fig. 3 bis.
Fig. 4
Fig. 5.
Fig. 6.
Fig. 7.
Fig. 8.
Fig. 9

www.ingramcontent.com/pod-product-compliance
Lightning Source LLC
LaVergne TN
LVHW011941180726
843502LV00003B/854